高校智慧校园
网络建设、运维与服务

范志辉◎著

中国原子能出版社

图书在版编目（CIP）数据

高校智慧校园网络建设、运维与服务 / 范志辉著.
北京 ：中国原子能出版社，2024. 6. -- ISBN 978-7
-5221-3457-4

Ⅰ. TP393.18

中国国家版本馆 CIP 数据核字第 2024QM7582 号

内 容 简 介

本书介绍了智慧校园框架下高校校园网络的规划和建设，包括骨干网络、接入网络、无线网络、弱电系统、全光网络、物联网、5G 双域网等，以及做好高校校园网络管理与运维服务的要点。本书是作者从业 17 年来工作经验的总结，是对高校校园网络从规划建设、管理运维到用户服务的全面概括，具有较强的实践参考性。书中的网络架构案例、IP 地址规划案例、VLAN 划分案例、运维实操案例、网络改造案例等均可直接应用于实际工作。本书可作为计算机相关专业大中专学生的参考书和校园网络工作者的工具书。

高校智慧校园网络建设、运维与服务

出版发行 中国原子能出版社（北京市海淀区阜成路 43 号　100048）
责任编辑 王　蕾
责任印制 赵　明
印　　刷 河北宝昌佳彩印刷有限公司
经　　销 全国新华书店
开　　本 787 mm×1092 mm　1/16
印　　张 13
字　　数 194 千字
版　　次 2024 年 6 月第 1 版　2024 年 6 月第 1 次印刷
书　　号 ISBN 978-7-5221-3457-4　　**定　价**　**86.00 元**

前　言

校园新型信息基础设施（校园网络）作为智慧校园的数据通信底座，对于高校教育信息化发展的重要性显而易见。校园网络建设完成后，网络设备往往要工作 10 年左右，通信线缆要工作 20 年以上，通信管井要工作 30 年以上，规划是否科学，设计是否合理，直接影响校园网络上承载的各类教学、科研、管理等应用软件的运行效果，影响智慧校园规划和建设的灵活性。比如调整校园网络架构或网络认证会影响到数万用户的网络体验。因此，高校校园网络的规划、建设、管理与服务工作对于网络管理者的经验要求非常高。笔者所从事的工作就是几代网络人经验的积累和传承，而这些经验往往又是零散的，不成体系的，甚至不少经验还是口口相传的。当老同志离退，容易出现工作衔接效果问题，新同志加入时也缺乏较为完整的学习资料。为此，笔者尝试把从业以来关于高校校园的建设、运维、服务经验整理出来，供相关学习者和从业者借鉴参考。

全书共分八章。

第一章介绍了教育现代化与智慧校园、数字校园与智慧校园的关系、智慧教育与智慧校园的关系，简要阐述了智慧校园的概念。

第二章简要阐述了智慧校园的架构、三大基础平台，以及智慧校园的关键技术和智慧校园评价的目的、方法。

第三章介绍了校园网的总体设计，包括骨干网设计、网络线路设计、弱电间分布、IP 地址规划等，着重介绍了校园网出口和骨干部分关键设备的作用。

第四章从需求分析、总体设计、设备选型和优化服务等方面较为系统地介绍了校园无线网络。

第五章介绍了高校校园中与校园网络并存的或者关联的其他通信网络的情况，包括校园一卡通网络、安防监控网络、标准化考场网络、5G 双域网络、物联网等。

第六章从传输介质、光缆网络、校园 PON 网络、校园以太全光网络等方面介绍了笔者对于光通信网络的理解。

第七章介绍了高校校园网络的管理与运维，本章有大量的实践案例。

第八章从管理制度和管理技术两个方面介绍了校园弱电资源的管理。

在本书撰写过程中，参考了大量国内外文章和著作，已注明和列入参考文献中，在此向相关文献的作者表示衷心的感谢！

由于笔者水平有限，虽然力求严谨，但难免存在不足与疏漏之处，敬请读者朋友批评指正。

范志辉

2024 年 4 月

于河南科技大学，洛阳

目　　录

第一章　教育现代化与智慧校园

中共中央、国务院印发的《中国教育现代化 2035》是我国第一个以教育现代化为主题的中长期战略规划，是新时代推进教育现代化、建设教育强国的纲领性文件，部署了教育现代化的十项战略任务，第八项任务就是加快信息化时代教育变革，这包括统筹建设智能化教学、智能化校园、一体化管理与服务平台等。智慧校园作为智能化校园的载体，其国家标准《智慧校园总体框架》也于同年由国家标准化管理委员会发布。

高校智慧校园建设工作在《教育信息化十年规划》的引领下，过去十年取了长足的进步，朝着信息技术与高等教育深度融合的发展目标迈出了关键步伐，大部分高校建成了覆盖全校的校园网络、校园数据中心和教学资源库等，高校信息基础设施、师生信息化素养、教育教学资源、信息化管理能力等显著提升。高等院校积极适应互联网条件下的人才培养变化，利用数字技术因材施教，提升人才培养质量和管理与治理水平。信息技术成为推动高校发展的重要力量，教育教学信息化已经成为影响人才培养质量和研究创新的核心因素之一。在以大数据、物联网、人工智能为代表的新一代科学技术的助推下，教育信息化已经呈现出个性化、社交化、智能化等特征。高校开始围绕“以人为本”的理念，制定教育信息化发展规划。在智慧校园支撑下，优秀教学资源共建共享，教学、科研资源将更加多元化，跨学科的资源共享平台在学校内部构建和发展，社交化软件平台在高校内应用。教育信息化引领下的智慧型校园环境为高校教职工和学生提供了更好的获得感。

第一节　智慧校园的基本概念

“智慧校园”到底是什么？作为一个崭新的概念，不同的提出者有不同的诠释。智慧校园是教育信息化推进进程中在数字校园基础上提出来的。智慧校园源于“智慧地球”，其中智慧既有“智慧”的传统含义又具有信息时代的特征，比如网络化、数字化、智能化等。

《智慧校园总体框架》（GB/T 36342）对智慧校园的定义：物理空间和信息空间的有机衔接，使任何人、任何时间、任何地点都能便捷地获取资源和服务。智慧校园通常由物联网和智能化信息平台构成，实现智慧教学资源、智慧教学环境和智慧校园管理和服务功能。

下面介绍研究者对智慧校园概念的界定和主要特征分析。

祝智庭教授提出“智慧教育的理解图式”，他认为智慧校园同智慧教室一样，是根据不同尺度对智慧教育划分的学习空间。黄荣怀等认为，智慧学习环境是一种能感知学习情景、识别学习者特征、提供合适的学习资源与便利的互动工具、自动记录学习过程和评测学习成果，以促进学习者有效学习的学习场所或活动空间。宗平等认为智慧校园的核心特征包含以下3个方面：① 为师生提供环境智能感知和信息综合服务平台，提供个性化定制服务；② 将信息服务运用到学校的各个业务领域，实现互联、协作和共享；③ 提供一个学校与外部互相感知和交流的接口。

智慧校园是一种校园环境，以服务教职工和学生个性化教学需求为目标，提供高速无缝通信，全面智能感知校园物理环境，识别个体特征，支持教学过程的数据收集、分析研判和智能决策。黄荣怀等认为智慧校园（Smart Campus）应具有以下特征。

1. 环境全面感知

智慧校园中的全面感知包括两个方面，一是传感器可以随时随地感知、捕获和传递有关人、设备、资源的信息；二是对学习者个体特征（学习偏好、认知特征、注意状态、学习风格等）和学习情景（学习时间、学习空间、学习伙伴、学习活动等）的感知、捕获和传递。

2. 网络无缝互通

基于网络和通信技术，特别是移动互联网技术，智慧校园支持所有软件系统和硬件设备的连接，信息感知后可迅速、实时地传递，这是所有用户按照全新的方式协作学习、协同工作的基础。

3. 海量数据支撑

依据数据挖掘和建模技术，智慧校园可以在“海量”校园数据的基础上构建模型，建立预测方法，对新到的信息进行趋势分析、展望和预测；同时智慧校园可综合各方面的数据、信息、规则等内容，通过智能推理，做出快速反应、主动应对，更多地体现智能、聪慧的特点。

4. 开放学习环境

教育的核心理念是创新能力的培养，校园面临要从“封闭”走向“开放”的诉求。智慧校园支持拓展资源环境，让学生冲破教科书的限制；支持拓展时间环境，让学习从课上拓展到课下；支持拓展空间环境，让有效学习在真实情境和虚拟情境中得以发生。

5. 师生个性服务

智慧校园环境及其功能均以个性服务为理念，各种关键技术的应用均以有效解决师生在校园生活、学习、工作中的诸多实际需求为目的，并成为现实中不可或缺的组成部分。

数字校园是智慧校园的基础。智慧校园在以下 3 个方面相比于数字校园又有所提升。

① 智慧校园实现资源从数字化到数据化的转变，使得资源更容易被开

发利用。

② 智慧校园实现各种校园网络的融合和各类校园数据的融合，实现智慧感知和智慧管理

③ 智慧校园更注重大数据技术的利用，具备从多源数据中挖掘潜在价值的能力。

第二节　智慧校园与数字校园

数字校园的主要使命是整合优质教学资源、打破信息壁垒、提供优质服务。受发展的局限性所限，比如理念限制和技术限制等，数字校园遇到了一些问题，智慧校园正好为这些问题提供了解决思路。当前，数字校园遇到的问题主要有：① 数据化不足。没有认识到数字转化为数据方能在教学管理、人才培养、服务社会等方面发挥作用，信息化还处于低层次的数字化阶段；② 静态信息化，从数据中挖掘价值的能力不足。对于能采集哪些校园数据、怎么采集这些数据、怎么分析使用数据、如何运用分析结果，促进技术与教学的深度融合，做得不够。

王运武等认为智慧校园是指以信息技术与教育教学融合、提高学与教的效果为目的，以物联网、云计算、大数据分析等新技术为核心，提供一种环境全面感知、智慧型、数据化、网络化、协作型一体化教学、科研、管理和生活服务，并能对教育教学、教育管理进行洞察和预测的智慧学习环境。他形象分析了智慧校园、数字校园和传统现实校园的关系，如图 1-1 所示。现实校园数字化发展成为数字校园，数字校园智慧化发展成为智慧校园。现实校园、数字校园、智慧校园之间是“耦合”关系，耦合程度越高，越有利于数字校园的建设与发展。数字校园和智慧校园是现实校园的补充，不是取代现实校园。数字校园与智慧校园的差异见表 1-1。

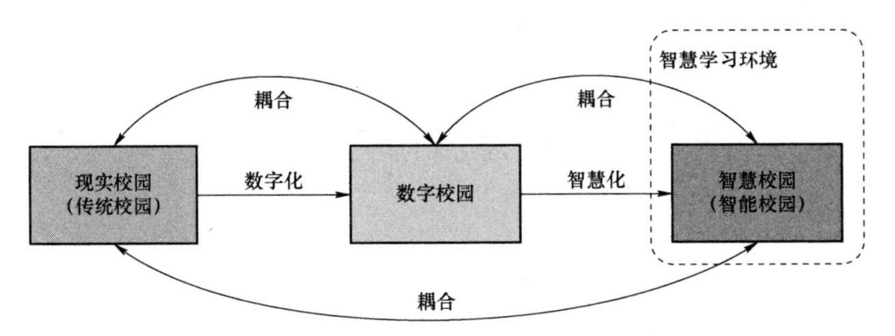

图 1-1　智慧校园、数字校园和现实校园的关系

表 1-1　数字校园与智慧校园的差异

	智慧校园	数字校园
校园环境	数据化；全面感知；应用系统智慧集成	数字化，应用系统集成，存在信息孤岛
管理与决策	统一、协同、预测；创新、科学决策	分散管理，各自为政
关键技术	物联网、云计算、大数据分析	互联网
服务提供	统一认证、统一数据库；协作、自适应；个性化服务	人工加数字化服务单独提供，信息单向群体性传递
教学	智慧教学平台；个性化教学、个性化学习；教育资源分配预测	多媒体教学，数字化教学平台；网络课程
科研	用数据分析作支撑的精细科研管理；科学研究数据广泛、分析手段丰富	在线项目申报管理
信息化环境与资产运维	智慧运维，故障预警和智能处理	设备、系统单独管理

智慧校园的“智慧”主要表现在智慧教学、智慧环境、智慧管理、智慧科研和智慧生活等方面，见表 1-2。表 1-1 和表 1-2 归纳了智慧校园相比于数字校园的提升。

表 1-2　智慧校园的“智慧”表现

	“智慧”表现
智慧教学	智慧协同备课、智慧教研；教师教学能力的智慧训练。学习情境智慧识别；学习资料智慧推送；学习过程的智慧分析；学习结果的智慧分析；无处不在的智慧学习
智慧环境	教室、图书馆、实验室等学习场所的温度/湿度自动感知、自动调整，灯光亮度自动调节；自动通风，自动降低噪声；智能视频监控
智慧管理	智慧考勤；智慧门禁；水、电、暖等能源的自动节能监控；办公文件的智慧流转；重要事务智慧提醒；网络故障、服务器故障的自动报警；教室、体育场、会议室等智慧管理
智慧科研	科研资料的智慧推送；科研数据资料的智慧分析处理
智慧生活	购物、就餐的智慧推荐；基于共同兴趣、个性化需求的智慧交友

第三节 智慧教育与智慧校园

在人类教育史上，先后出现了体态教育、语言教育、文字教育、电子教育和信息化教育五次教育革命。随着移动通信、物联网大数据、人工智能等迅速发展，大量智慧型教育媒体和技术正在引发人类教育史上的第六次教育革命——智慧教育。智慧教育的原创观点源于钱学森于1997年提出的“大成智慧”教育理念。钱学森提出如何培养具有“大成智慧”人才的战略构想。钱老提出了两种英文译法，其中之一是“Wisdom in Cyberspace”（网络信息空间中的智慧），这个与以信息化促进智慧教育十分契合。

智慧教育是帮助人们建立完整智慧体系的教育方式。张奕华教授认为SMART教育是以学生为中心（Student-centered approach）的教学与学习方式、能通过多元取向引起学生学习动机（Motivate students to learn）、无所不在地让学生接近（Accessing online education）学习入口、提供丰富的学习资源（Resource availability and diversity）以及科技支持与服务（Technology support and service）教学和学习。SMART教育将突破传统教学系统的限定，教师与学生不再只能利用纸质资料和有限的资源在教室进行教学，也能运用电子资源和网络的智能型教学，成功打造“行动学习”的理念。SMART教育的发展路径是从智慧课堂起始，到智慧教室、智慧学校、智慧学区进而达到智慧教育。佛山科技学院蒋家傅教授认为：智慧教育是为了促进人的发展，全面提高教育质量与效益，运用先进的信息技术，对教育过程的各种信息与情境进行感知、识别、分析、处理，为教育参与者提供快速反馈、决策支持、路径指引和资源配送的教育方式。智慧教育依托物联网、云计算、大数据等技术，建设智能化、物联化、感知化、泛在化的教育生态系统，构建支持协作学习和个性化学习的智慧学习环境，以学习者为中心，提供微课、电子教材、移动课件、MOOC等开放学习资源，支持云学

习、泛在学习、无缝学习等学习方式，通过运用智慧教学法，促进学习者开展智慧学习，培养具有高智能和创造力的人。

综合上述，智慧学习环境是智慧教育的前提和基础，新一代信息技术是构建智慧学习环境（智慧校园）的重要支撑。智慧校园顺应了教育现代化的发展要求，为开展智慧教育提供了环境和技术。智慧校园与智慧教育互相促进融汇发展。高校智慧校园服务于高等学校智慧型人才培养、智慧型科学研究、智慧型社会服务、智慧型文化传承创新、智慧型管理决策和智慧型生活服务的目标任务。

第二章　智慧校园建设宗旨

从“信息技术与校园的结合”角度看，高校“校园”发展可分为四个阶段。校园 V1.0：以计算机实验室配置为标志的传统校园。校园 V2.0：以校园网为标志的现代校园雏形。为学校的教学、科研和管理提供先进实用的计算机网络环境，为信息传输和资源共享服务。校园 V3.0：“数字校园”。通过一体化数字校园的顶层设计与规划，构建关联整合的信息系统和集成支撑，为用户提供个性化的贴切服务。校园 V4.0：智慧校园。一种智慧环境，或者说是一种新的教育生态，是以人为本的用户环境、关联的应用环境、高可靠的运行环境，以及集成的数据环境。智慧校园的核心应该是“数据”。当前数字校园的“海量数据”仍然只是基于对传统“数据”概念的理解，基于传统的数据库技术和传统的数据处理技术。当前智慧校园建设过程中没有重视“教育大数据”。对哪些数据可以应用，怎么采集数据，怎么分析使用数据，数据工作还没有成效，还缺少从数据中发现价值的能力。

第一节　智慧校园的设计架构

智慧校园为教学、科研、管理和生活提供智慧化环境。朱洪波等从网络融合、数据融合、服务融合与门户服务三个层面提出了智慧校园的建设框架。网络融合是指校园网、物联网、安防网、一卡通网、考场网等技术

融合，使用户感受不到各个网络之间的隔离。数据融合是指校园内身份、数据、消息、内容、感知数据的融合。服务融合是指统一登录。用户一次登录，即可访问校内各类应用资源。

王艳从数字校园向智慧校园演进的角度，提出了智慧校园的总体建设思路（图 2-1）和总体架构模型（图 2-2）。

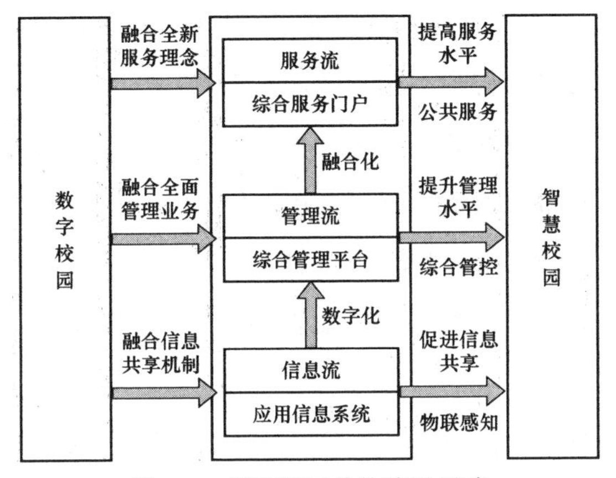

图 2-1　智慧校园总体建设思路

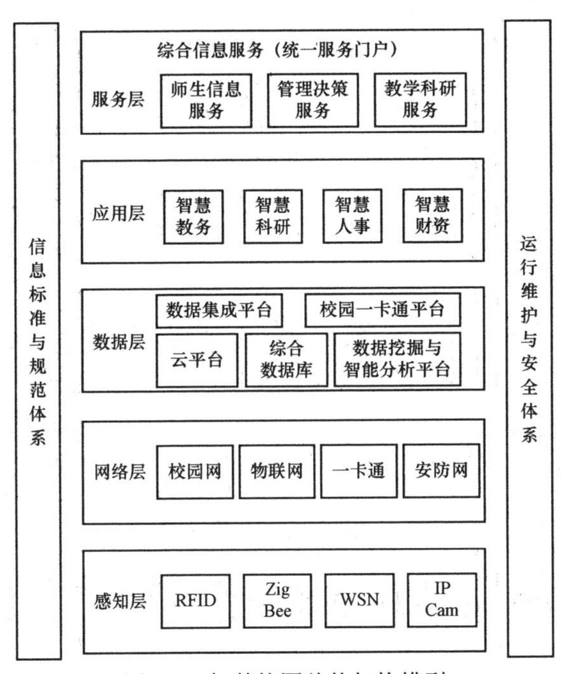

图 2-2　智慧校园总体架构模型

在王艳提出的智慧校园总体框架中，从下到上依次分为感知层、网络层、数据层、应用层和服务层共五个层次，辅以信息标准与规范体系、运行维护与安全体系两个保障体系保障智慧校园的规范建设与运行维护。

① 感知层：利用各种传感设备实现对校园内的设备、资源、人员等的全面感知。

② 网络层：实现校园网、物联网、安防网等各类网络的互联互通，实现人与人、物与物、人与物之间的全面互联。

③ 数据层：数据层负责对校园信息的全面集成、数据挖掘和智能分析，分析结果存储在分布式数据库中供应用系统和用户使用。

④ 应用层是指各类应用系统，包括教务系统、科研系统、人事系统、财务系统、国资系统、采购系统、监控系统等，为教职工和学生提供个性化服务、智能决策等。

⑤ 服务层提供统一入口界面（统一信息门户），根据不同角色用户，提供个性化的信息服务。

⑥ 信息标准与规范体系规定了信息采集、处理、交换等过程的标准和规范。

⑦ 运行维护与安全体系包括物理安全、网络安全、数据安全和内容安全等。

第二节　智慧校园的基础设施

智慧校园的基础设施是指基于物联网的校园基础网络、基于知识管理的统一门户平台和基于智慧挖掘的统一标准数据资源库三大平台。

一、基于物联网的校园基础网络

校园物联网是校园网的延伸，两者通过物联网网关交互，物联网相当

于校园网连接现实世界的触手。校园网与物联网的连接关系示意如图 2-3 所示。

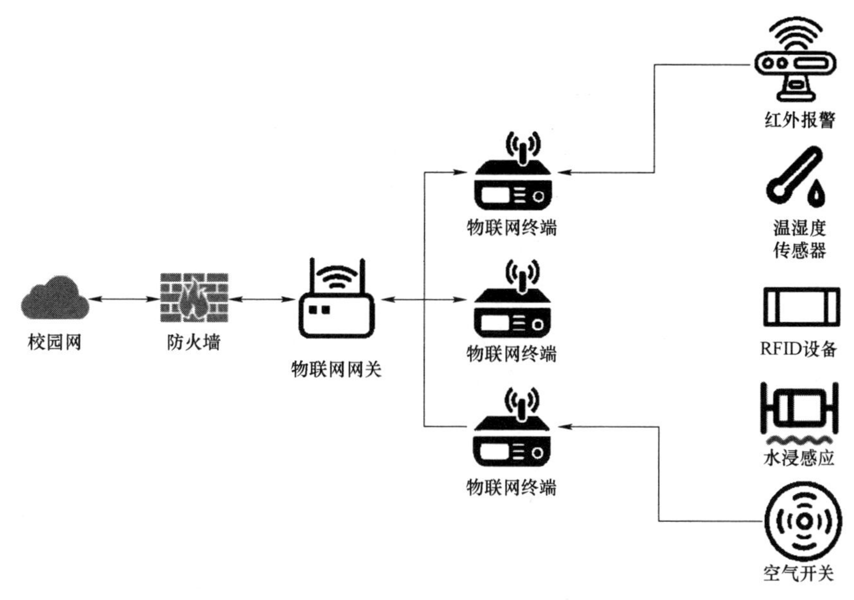

图 2-3　校园网与物联网的连接关系

校园物联网的体系结构如图 2-4 所示，共包含三个层次：感知层、网络层、应用层。感知层负责数据采集和动作响应，由各种各样的传感器组成；网络层负责数据通信，通过物联网网关连通校园网；应用层负责数据处理、数据存储和数据展示等，提供人机交互接口。

二、基于知识管理的统一门户网站

统一门户网站应支持多种身份认证方式，具有网站群管理功能，用户分组和多级权限管理功能，各种日志和统计功能，具有网站内容检索功能和容灾备份功能等。统一门户网站平台包括门户展现环境、应用开发环境、应用运行支撑环境、数据存储环境、信息安全环境、应用监管体系、舆情监控体系和各类数字校园应用解决方案等，提供了对应用系统的全面建设支持。

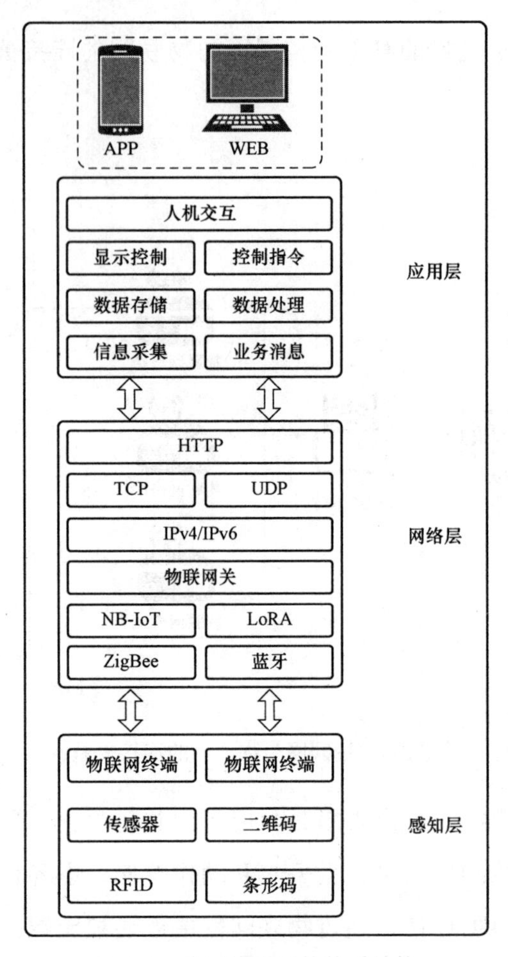

图 2-4　校园物联网的体系结构

三、基于数据挖掘的统一标准数据资源库

高校按照行业标准建设全校统一的数据中心，建立标准、唯一、真实、实时动态的数据库，包含学校所有数据内容，课程数据、专业数据、人事数据、财务数据、学生数据、教学过程数据、组织机构数据、教材数据、资产数据等。提供超大型用户统一集中管理，支持多种身份认证方式，结合业务管理对用户的访问提供统一授权服务，支持对数据的查询与统计分析等应用。

第三节　智慧校园的关键技术

黄荣怀等人认为智慧校园的关键技术包括：学习情景识别与环境感知技术、校园移动互联技术、社会网络技术、学习分析技术、数字资源的组织和共享技术。

1. 学习情景识别与环境感知技术

学习情景识别的目标是根据可获取的情景信息识别学习情景类型，诊断学习者问题和预测学习者需求，以使得学习者能够获得个性化的学习资源，找到能够相互协作的学习伙伴、接受有效的学习活动建议。环境感知技术是利用RFID、二维码、视频监控等感知技术与设备实现对校园各种物理设备的实时动态监控与控制。

2. 校园移动互联技术

高速校园无线网络使得高清网络教学资源传输成为可能，学习者通过网络进行学习，将不再受任何地域限制。为广大师生提供无处不在、稳定、安全、易于管理的无线网络环境，是构建智慧校园的基本条件。

3. 社会网络技术

社会性软件（微信、博客、微博、QQ等）是人类社会的虚拟化表示及延伸，具有自组织性，通过对社会网络特征的分析，确定社会网络中的用户群体或个人的中心性程度，对关键小团体特征进行分析，以及确定用户位置、角色等情况，有助于掌握师生在虚拟网络中的活动状况，为其更好地提供服务。

4. 学习分析技术

学习分析是对学习者以及学习情境的数据进行测量、收集、分析和报告，以便更好地理解和优化学习以及学习发生的情景，从而提高学习效率和效果。学习分析技术可作为教师教学决策、优化教学的有效支持工具，也可为学生的自我导向学习、学习危机预警和自我评估提供有效数据支持，还可为教育研究者的个性化学习设计和增进研究效益提供数据参考。

第四节　智慧校园评价

一、智慧校园评价的目的

教育主管部门通过评价能够掌握智慧校园整体推进情况以及存在的问题等，以便及时给予政策引导和支持。高校通过评价能够发现智慧校园建设中不完善的地方以及与兄弟院校的差距，及时整改，确保沿着正确方向建设。智慧校园评价能够发现优秀智慧校园建设经验，促进高校之间互相学习提高。

二、智慧校园评价流程

评价流程包括组建评价领导小组，确定评价定位、评价原则和评价维度，制定评价指标体系，选择评价方案，确定智慧校园评价小组等。智慧校园评价小组应该由具有教育学、教育技术学、教育管理学等专业背景的专家、校领导和来自教务处、网络信息中心、现代教育中心、学院、后勤等相关单位的专家组成，这样有利于从不同角度综合评价智慧校园的建设水平。智慧校园评价流程如图 2-5 所示。

三、智慧校园评价原则和方法

智慧校园评价应遵循独立性原则、客观性原则、科学性原则。智慧校园评价是为了判定智慧校园建设水平，发现智慧校园存在的问题，并给出改进方案。不建议划分优秀、良好、合格、不合格等级，建议采用“星级”区分智慧校园建设水平，比如五星级智慧校园、四星级智慧校园、三星级

智慧校园等。

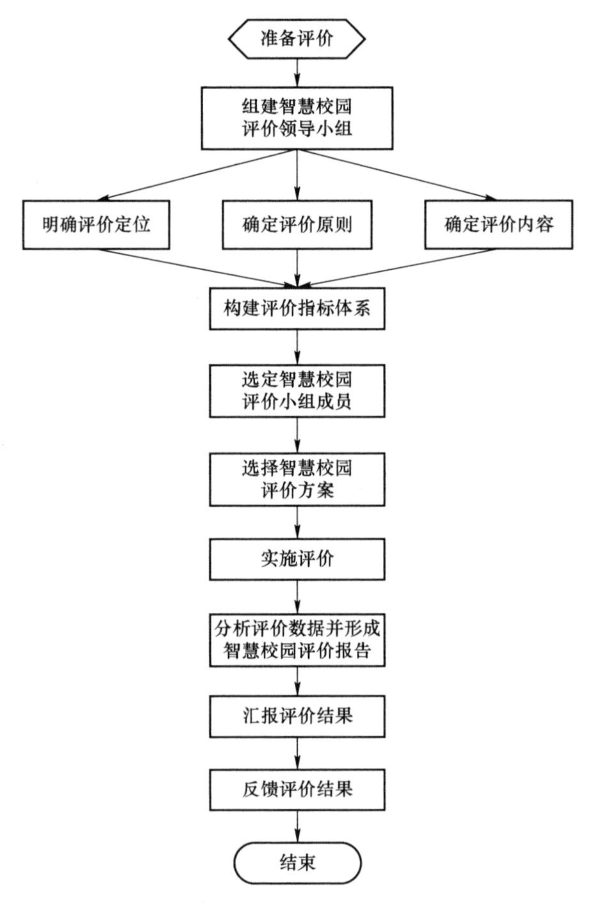

图 2-5　智慧校园评价流程

智慧校园评价方式可以采用自评与他评相结合的方式、网络评价与现场评价相结合的方式、全面评价与重点评价相结合的方式、静态评价与动态评价相结合的方式。既要关注智慧校园的建设和应用情况，更要关注智慧校园是否真正支持教育教学，是否真正提升了办学水平。

四、智慧校园评价指标

王运武等认为智慧校园评价指标体系应该至少包括智慧领导力、智慧环境、智慧资源、智慧学习和智慧教学、智慧服务及特色等指标，详见表 2-1。

表 2-1　智慧校园评价指标体系

一级指标	二级指标	三级指标	评价细则
智慧领导力（10分）	机构队伍（3分）	领导机构（2分）	由校领导主管智慧教育并定期召开工作会议，每年至少4次； 有中层级智慧教育管理机构，职能明确并常态化开展工作； 成立智慧教育中心（网络信息中心、现代教育技术中心等）； 主管领导具有较强的智慧教育领导力； 主管教育信息化领导具有智慧校园规划与设计能力； 学校设置CIO职位，全力推进智慧校园建设
		管理人员（1分）	有专职智慧校园建设维护人员； 智慧校园建设维护人员有一定的职称
	制度规划与经费（3分）	制度规划（1分）	有智慧校园发展规划，既有短期规划，又有中期规划和长期规划； 有智慧校园管理、使用和激励制度； 有设备报废处理制度
		建设经费（2分）	每年有智慧校园建设专项经费，生均年建设经费不少于100元； 智慧资源建设和信息素养培训费用占专项经费的1/3以上
	用户培训与智慧应用研究（4分）	教师培训（1分）	经常开展技术支持教学创新与变革培训，每年至少2次； 经常开展智慧教学、智慧管理、智慧评价、智慧教研、智慧资源设计与开发等交流、研讨、比赛活动
		学生培训（1分）	每年对学生使用智慧校园开展培训，每年至少2次； 每年对学生使用智慧校园支持学习和创新开展培训，每年至少2次
		管理员培训（1分）	管理员定期参与智慧校园培训、交流、研讨活动
		建设与智慧应用研究（1分）	有智慧校园建设与应用研究团队，人数不得少于教职工的千分之五； 研究团队能够解决本校智慧校园建设和维护中的常见问题，能够指导用户有效使用智慧校园； 研究团队能够为本校智慧校园的升级改造提出具体方案，并能不断挖掘智慧校园的新应用
智慧环境（20分）	硬件设备（7分）	服务器（1分）	配有智慧校园服务器
		教室设施（1分）	多媒体教学设备全面进入普通及专用教室，且能接入宽带互联网

续表

一级指标	二级指标	三级指标	评价细则
智慧环境（20分）	硬件设备（7分）	教师电脑（1分）	教师普遍拥有办公电脑，且能接入宽带互联网； 鼓励教师自带设备，在工作、学习和生活中使用自带设备
		学生电脑（1分）	学生普遍使用电脑，学习过程中可以随时使用电脑，电脑接入互联网； 鼓励学生自带设备，在学习和生活中使用自带设备
		一卡通（2分）	一卡通系统管理和应用较好，功能丰富，数据准确
		移动设备（1分）	教师普遍拥有智慧移动终端
	网络系统（4分）	校园网络（3分）	互联网络覆盖校园； 无线网络覆盖校园； 有网络信息安全设备
		监控系统（1分）	所有教室安装视频监控系统； 视频监控系统覆盖整个校园
	校园广播站（1分）	校园广播站（1分）	建有校园广播站； 校园网络能够实现网络同步播放
	安全问题（4分）	网络问题（3分）	智慧校园运行稳定； 病毒防范措施到位，无安全隐患
		使用安全（1分）	师生无重大网瘾现象； 师生文明上网，不利用网络发表危害国家安全的信息
	生态（4分）	绿色环保（2分）	智慧校园设备符合节能标准，符合生态建设理念； 废旧设备报废处理及时，并进行环保处置； 设备噪声低，符合相关标准
		以人为本（2分）	智慧教育资源的应用突出师生的主体性； 信息安全保障措施得当，无信息安全问题； 渐进式推进智慧校园
智慧资源（15分）	智慧教学资源（8分）	智慧学科资源（3分）	校园智慧平台上各学科的教学资源丰富； 资源质量高、容量大； 自制资源比例较大； 资源可以实现智慧推送
		智慧教研资源（3分）	教师资源多样性（教案、课件、动画、文字、图片、微课等）； 资源质量高、容量大； 自制资源比例较大； 资源可以实现智慧推送

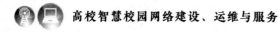

续表

一级指标	二级指标	三级指标	评价细则
智慧资源（15分）	智慧教学资源（8分）	智慧拓展资源（2分）	德育资源丰富； 科普类资源丰富； 科技发明、科技创新类资源丰富； 软件资源丰富； 资源可以实现智慧推送
	智慧应用系统平台（7分）	智慧门户系统（1分）	建有智慧门户系统，能实现统一身份认证、信息发布、大数据挖掘、资源智慧推送、教育管理智慧决策等功能
		智慧学习系统平台（1分）	建有智慧学习系统平台，学生能在线学习
		智慧教研系统平台（1分）	建有智慧教研系统平台，教师能在线智慧研修
		智慧德育系统平台（1分）	建有智慧德育系统平台，能提供各种德育资源，实现在线帮助学生树立正确的价值观、人生观和社会观的功能
		智慧互动平台（1分）	建有智慧互动平台，能实现学生、教师和家长之间的在线智慧互动信息交流
		智慧通道（1分）	具有校园智慧通道（FTP文件系统、邮件服务等）
		智慧应用系统集成（1分）	智慧应用系统高度集成
智慧学习和智慧教学（20分）	智慧学习（10分）	智慧学习（2分）	智慧校园能够有效支持学生学习，有助于培养学生的智慧学习习惯； 智慧校园能够创新和变革学习方式
		智慧学习支持（3分）	借助智慧校园有助于学习知识点； 借助智慧校园有助于开阔视野、拓宽知识面； 借助智慧校园能够记录学生学习的数字痕迹，便于发现学习中存在的问题； 借助智慧校园能够对学生进行综合素质评价，有利于促进学生树立人生目标，有利于促进学生进行职业规划
		智慧信息交流（1分）	能够方便地与教师进行信息交流； 能够方便地与家长进行信息交流； 能够全面地进行在线心理咨询； 能够方便地与校领导进行信息交流； 能够方便地与同学进行信息交流
		智慧资源获取（2分）	智慧学习资源获取方便； 智慧学习资源数量多、质量高
		智慧综合实践活动支持（1分）	借助智慧校园能够开展在线协作、网络实验等活动； 借助智慧校园能够开展智慧研创活动

续表

一级指标	二级指标	三级指标	评价细则
智慧学习和智慧教学（20 分）	智慧学习（10 分）	智慧个人综合信息查询（1 分）	能够查询自己的学籍信息、成绩、学习记录、综合素质评价等综合信息
	智慧教学（10 分）	智慧教学方式（2 分）	智慧校园能够创新和变革教学方式
		智慧资源发布（3 分）	有方便的智慧教学资源发布系统； 智慧资源发布形式多样化（视频、音频、图片、文字、PPT 等）
		智慧信息交流（2 分）	能够方便地与学生进行信息交流； 能够方便地与家长进行信息交流； 能够方便地与领导进行信息交流； 能够方便地与同事进行信息交流
		智慧教研（2 分）	有丰富的智慧教研资源； 能够顺利开展智慧教研活动
		智慧信息查询（1 分）	能够方便地查询通知、教学计划、课程大纲等信息； 能够方便地查询个人工资、教学科研情况等信息
智慧服务（20 分）	智慧家校通（2 分）	智慧信息查询（1 分）	能够查询学生在校情况、学习成绩、消费情况等； 能够查询学生管理办法、招生政策等； 能够与教师一起对学生进行协同培养
		智慧信息交流（1 分）	能够方便、快捷、适时地与教师、学校领导交流
	智慧管理（4 分）	智慧信息展示（0.5 分）	有大量的专题板块（团建、党建、学生心理辅导等）； 有及时更新的校园新闻
		智慧行政管理（0.5 分）	行政管理无纸化、智慧化
		智慧人事管理（0.5 分）	人事管理网络化、智慧化
		智慧协同办公（1 分）	多部门人员可以实现网上智慧协同办公，并经常在网络上进行办公，日常办公文件基本实现无纸化、智能化
		智慧办公效率（1 分）	智慧校园应用提高办公效率
		智慧信息交流（0.5 分）	能够与各部门、教师、家长之间实现智慧信息交流
	智慧教学管理（4 分）	智慧学籍管理（1 分）	支持学生学籍管理

续表

一级指标	二级指标	三级指标	评价细则
智慧服务（20分）	智慧教学管理（4分）	智慧档案管理（1分）	支持学生档案管理
		智慧成绩管理（1分）	支持学生成绩管理
		智慧实践活动（0.5分）	支持综合实践活动管理
		智慧日常德育（0.5分）	支持日常德育管理
	智慧后勤（4分）	智慧图书查询（1分）	可实现图书查询、预约、续借等
		智慧资产管理（1分）	可实现资源设备网络管理、查询
		智慧维修申报（1分）	可在线申报维修
		智慧校园卡（1分）	校园卡功能丰富，具有身份认证、电子钱包、图书借阅等功能
	智慧应用效果(6分）	智慧网络活动（2分）	各部门有独立板块或网站； 班级有网络学习空间； 教师和学生有个人网络学习空间； 独立板块、网站或学习空间质量高，功能齐全、点击率高、界面美观； 校园网上各种智慧教学资源的使用效果佳、访问率高； 智慧协同办公成为常态； 智慧教研活动成为常态； 智慧研创活动成为常态
		智慧校园科研（2分）	普遍利用智慧校园提供的平台和应用系统开展科学研究工作； 与智慧校园相关的著作、学术论文质量高、数量多； 与智慧校园相关的成果等级高、数量多
		智慧校园课题奖励（2分）	与智慧校园相关的课题等级高、数量多； 与智慧校园相关的成果获奖等级高、数量多； 智慧支持的课题等级高、数量多； 智慧校园支持的成果获奖等级高、数量多
特色（15分）	在研究、管理、技术、应用、人才培养、业务整合、拓展校园时空维度、丰富校园文化、优化相关业务等方面存在几项特色。 智慧研究：承担智慧校园研究课题，出版智慧校园相关著作或发表论文，研发智慧教育软件系统，研究成果具有推广价值等。 智慧管理：智慧校园管理方面有特色，能明显提高管理效率；智慧校园队伍管理有特色，参与人员能够各尽其能，积极参与智慧校园建设等		

续表

一级指标	二级指标	三级指标	评价细则
特色（15分）	智慧技术：智慧校园建设技术有特色，智慧校园建设和应用体现了物联网、大数据、学习分析、云计算、全息影像、仿真技术、3D成像技术等新技术，新技术应用良好等。 智慧应用：智慧校园能够有效创新与变革学习方式、教学方式和管理方式；智慧校园能够再造学校业务流程，变革学校形态和组织制度；在智慧管理方面有特色，能有效提高教育管理效率；在智慧教学应用方面有特色，能明显改善教学效果，降低教师的工作负担；在智慧互动方面有特色，能实现学生、教师和家校之间的无障碍实时沟通；在智慧资源建设方面有特色，资源丰富，实用性强；智慧应用事迹被国家、省市等媒体报道。 智慧人才培养：培养出智慧校园专家型校长；培养出智慧校园应用名师；智慧校园有助于促使学校形成创新型组织，培养一批具有创新、创造能力的智慧型人才等		

第三章 高校校园基础网络

校园网络是智慧校园建设重要的硬件基础平台之一，本章将详细介绍高校校园基础网络在设计原则、高校校园网络总体设计及高校校园网络线路规划等，希望读者通过本章能够对高校校园基础网络服务于智慧校园能够有明晰的认识，学习如何从总体上对普通高校校园基础网络进行规划设计，了解为了保障高校校园网络稳定可靠运行，校园网络应该作什么样的线路规划。

第一节 高校校园基础网络的设计原则

高校校园网是高等教育信息化的有效载体。高校校园网的建设是一项长期而复杂的系统工程，高校教育信息化主管部门要明确每个时期校园网建设的目标，以统一规划、分步实施为总体基调；以信息标准体系、安全保障体系、运维保障体系为学校信息化建设与运行维护的重点开展，建设过程应遵循以下设计原则：

1. 先进性和开放性原则

校园是一个充满创新和挑战的地方，很多科技项目都是在高校校园中诞生。保持高校校园网系统和设备的先进性，采用遵循国际统一标准的网络技术，不仅能保证校园网未来的发展要求，而且还能保持校园网络配置

和应用模式的灵活性。高校校园网络的技术方案应具备技术的领先性和发展的持续性特征。

2. 可靠性和稳定性原则

可靠稳定性已成为衡量校园网综合性能的一项技术指标。如果校园网络故障频繁，就会严重影响教育教学活动、日常行政办公的正常进行。因此，必须从网络设备和通信链路、网络拓扑结构、网络技术等方面来保证校园网的可靠稳定性。高校校园应采用集群技术以及热备份技术，具有高可靠性和高容错性特点。采用高可靠的软硬件设计，从网络、系统、应用等多方位实现安全基础，为产学研提供全天候的可靠服务保障。

3. 高性能和高带宽原则

为了保证语音、视频等多媒体交互式教学方式的正常开展，支持多媒体大流量信息数据的传输，就要采用高带宽的主干网络，且带宽应该是动态可调整、可扩展的，以提高校园网的性能。

4. 安全性原则

网络安全问题是人们关注的焦点问题，校园网又是广大师生用户使用网络的集聚地。且校园网具有用户流动性大、信息点分布广等特点，同时存在随意接入、非法访问的现象。因此，要建立健全校园网络的管理规章制度，并积极利用各种网络安全技术和手段，提高校园网的安全性。

5. 易维护和易管理原则

高校校园网的网络应用范围广，用户数量多且分散，就要求校园网要具有良好的易维护和可管理性，所有安全系统都应具备在线式的安全监控和管理模式。

第二节　高校校园网络的总体设计

下面从校园网骨干设计原则、校园网络架构设计、校园网线路规划、校园网 IP 地址管理、校园网弱电设备间分布等几个方面，详细介绍高校校园网的整体设计。

一、校园网骨干设计原则

如果把智慧校园看作人的身体，校园网就相当于人体的血管和神经。智慧校园的所有数据通过校园网流动。校园网整体上可以分为骨干部分和接入部分。校园网骨干部分一般指校园网络出口部分、校园核心网络交换机、区域核心网络交换机和楼宇网络交换机，它们在网络层（即七层 OSI 模型的第三层）通信，又称为三层通信，属于有路由功能的交换机。校园网接入部分一般指楼宇网络交换机之下的部分，比如各楼层网络交换机及个人通信设备，它们一般在数据链路层（即七层 OSI 模型的第二层）通信，又称为二层通信。校园网出口、骨干与接入的示意图如图 3-1 所示。

校园骨干网络是校园网的神经中枢，关乎校园网整体性能，因此在设计中，高性能是基础，稳定可靠是关键，安全措施是保障。高校骨干网络设计应遵循以下原则：高带宽；多出口；多设备冗余；链路冗余；自动负载均衡等。基于大多数高校的规模和现有网络设备性能，校园网络大多采用万兆多核心设计，骨干网络中的核心交换、核心路由、网络认证、出口防火墙及负载均衡等核心设备，需高吞吐量及线速转发，骨干设备上的关键部件都有冗余，如主控板、交换网板、业务板、电源等，同时骨干网络设备的关键部件都支持热拔插技术，以提高骨干网络的可靠性。骨干网络的流控和审计设备，是对用户上网行为的管理和审查，确保网络安全，网络缓存是将访问量比较大网络资源，存放在本地，解决网络带宽和用户访问效率问题。

核心设备不存在单点故障；骨干网上的设备必须有多台冗余，当某台核心设备发生故障时，冗余设备自动承担故障设备的功能，系统进行正常运行；不会因某台设备故障，而全网瘫痪。通信线路必须有冗余备份；骨干设备间有多条冗余光纤，当某一线路故障时，自动切换到冗余线路工作。

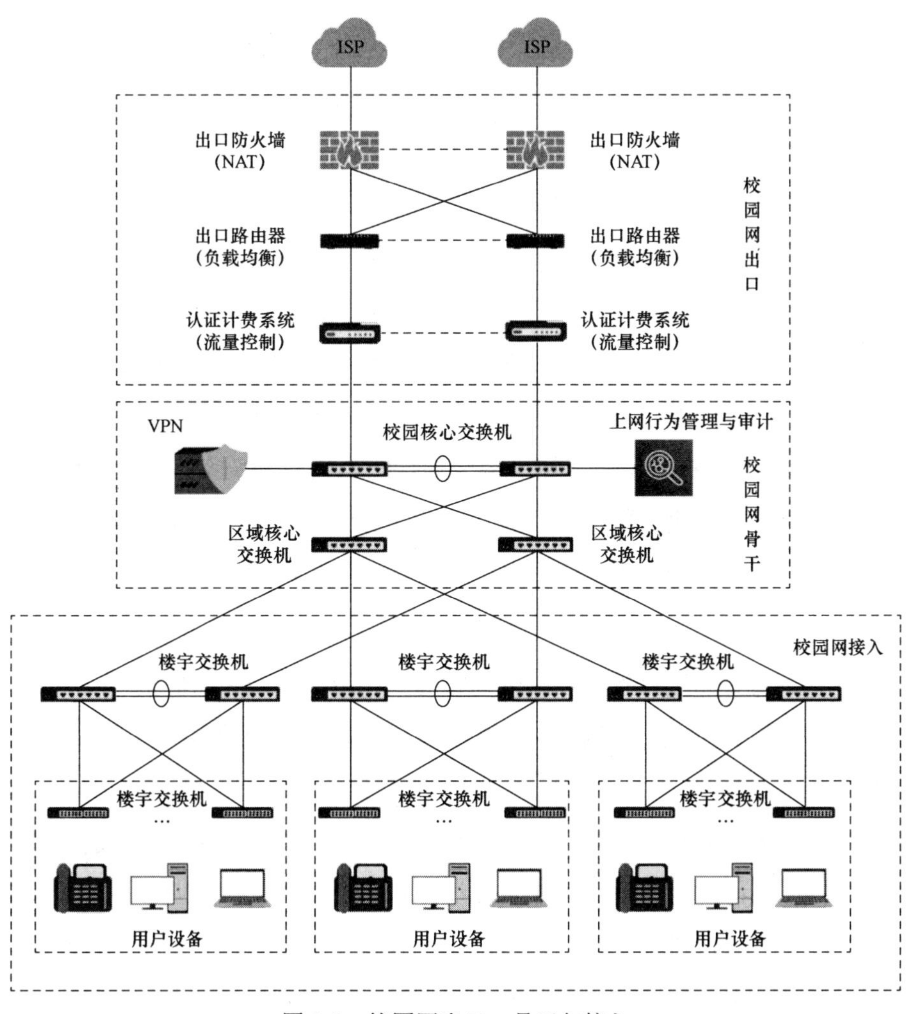

图 3-1　校园网出口、骨干与接入

二、校园网网络架构

高校网络从本质上讲是一种大型园区局域网。目前，常见的校园网网络架构有两种：层次化网络架构和扁平化网络架构。

1. *层次化网络架构*

随着网络规模的扩大，简单的网络结构已经不能适应现代网络的需求。20 世纪 90 年代初，思科公司提出了层次化的网络层次架构。层次化网络架构是目前国内外大型网络建设中普遍采用的网络架构。层次化网络包括核心层、汇聚层和接入层三个层次。各层功能特征如下：

（1）核心层

提供高速骨干区域的三层交换。核心层主要负责实现骨干中心网络中各个节点的互联，如校园网核心交换机、学生宿舍区核心交换机、办公区核心交换机以及教学区核心交换机或者分校区核心交换机之间互联，核心层设计的重点是考虑如何设计并保证高性能传输和高可靠性。在设计核心层时需要充分考虑如何进行多层设计以实现较高的扩展性和安全性，从而保障校园网络的发展和安全。核心层不连接终端设备，不实施影响高速交换性能的功能，不配置低速接口模块。核心层设备应保证自身的高可靠性，满足电信级别的要求，支持关键设备冗余。核心层还可细分为核心层和分区层。分区层一般存在于大型校园网络中，在校园网络不同功能分区中配置与校园核心交换机功能相当的核心交换设备，分担核心层的工作压力，如学生宿舍分区核心交换机、办公分区核心交换机、家属分区核心交换机及分校区核心交换机等。

（2）汇聚层

作为接入层和核心层的中间层。汇聚层是连接接入层和核心层的重要功能单元，汇聚接入层的用户流量，进行数据传输的汇聚、转发和交换，根据接入层的用户流量，进行本地 VLAN 间路由、包过滤、流量均衡、QoS 优先级管理以及安全机制管理，进行 IP 地址转换、流量整形、组播管理等处理，根据处理结果将用户流量转发到核心交换层或在本地进行路由处理。汇聚层是校园内不同楼宇间的信息汇聚点，校园网设计时可根据实际需求在各个楼宇设置汇聚节点，不仅能够分担核心设备的压力，还能够确保数据传输和交换的效率。汇聚区设备提供自身的高可靠性，支持关键部件冗余。

（3）接入层

直接连接用户并为用户提供访问校园网服务的功能单元。通常将网络中直接面向用户连接或访问网络的部分称为接入层，接入层设备一般直接连接电脑，提供 OSI 7 层结构第 2 层或第 3 层网络访问。接入层具有以下

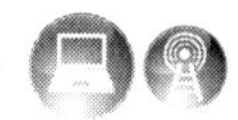

特点：接入层设备通过定义 VLAN 执行访问隔离；接入层需要实现对用户的认证和基于用户的策略分配；接入层完成对接入网络的终端系统的安全性检查；不同类型的接入层应各自独立分开，连接到对应功能区的汇聚层，要实现不同类型用户接入策略的划分。在设计接入层时，应充分考虑负载均衡，接入端口的容量需要根据实际接入点情况具有一定的扩展性。

分层网络架构的各层之间任务明确，相互独立，各层可采用最合适的技术实现其功能而不影响其他层。分层网络架构可以保证接入用户的数据在最短的路径上传输。分层网络架构的安全防护层级之间相辅相成，每一层可从不同的方面做安全保护，当一层保护被攻破时，其他层的防护仍可保护网络信息的安全。各层网络设备相互合作，保证网络的高可靠性和高性能，网络的整体安全性更高。层次化网络架构如图 3-2 所示。层次化网

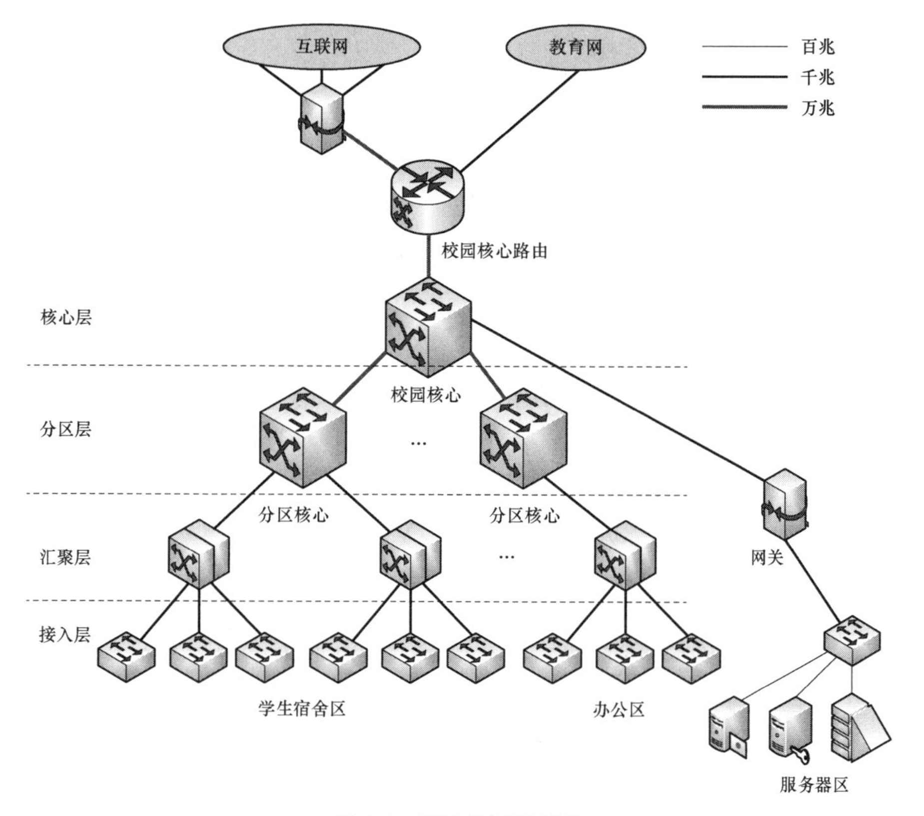

图 3-2　层次化网络架构

络架构扩展性好，允许在任何节点灵活地增加新的网络节点。层次化网络架构结构清晰，层次分明，易于管理和维护。

2. 扁平化网络架构

扁平化网络结构即二层网络架构，只有核心层和接入层，没有汇聚层。核心层由核心路由器和核心交换机构成。核心层提供路由功能，对用户进行认证控制、实现数据的高速转发，接入层由分布在各楼宇的接入交换机组成。接入层的网络设备通过 VLAN 直接上联到核心路由器。接入层提供用户的接入与隔离功能。核心层在整个网络中进行集中的业务控制和管理，采用高性能路由器转发数据。采用扁平化网络架构的网络，减少了网络建设期的施工难度。此类网络层次简单，便于维护，出现问题时能够快速定位故障点、缩短故障恢复时间。扁平化网络架构如图 3-3 所示。

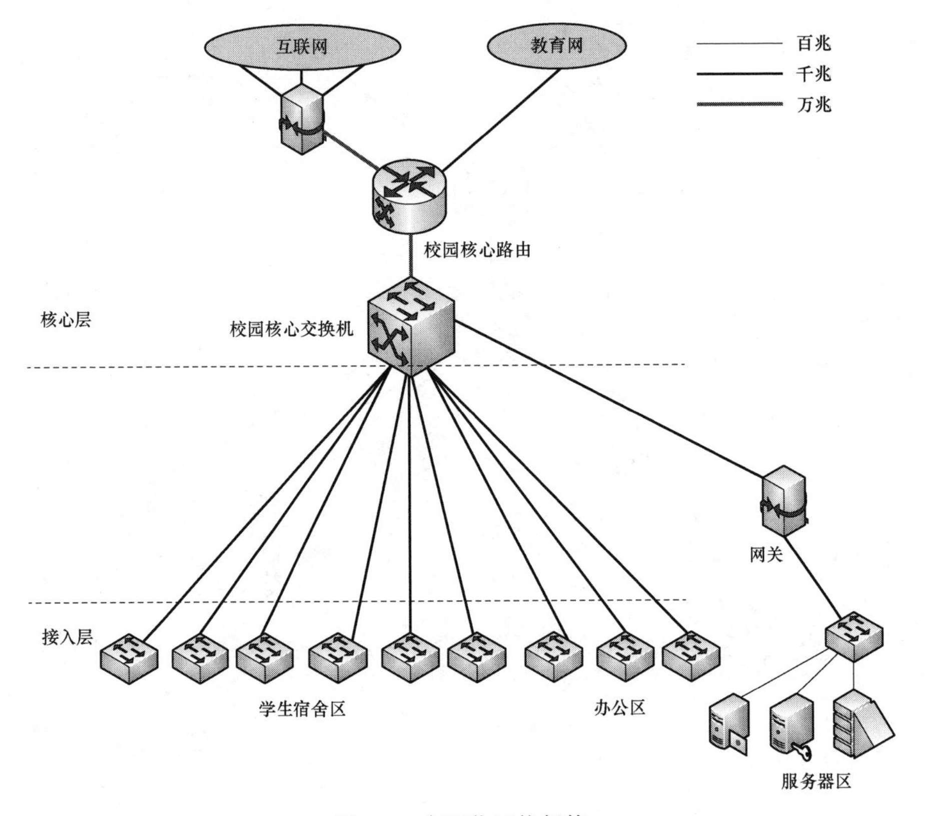

图 3-3　扁平化网络架构

扁平化网络架构的数据转发功能集中在核心设备上，绝大部分用户数据的转发都要经过核心设备，数据传输效率不高。当校园网络规模庞大，结构复杂的时候，不便于管理和维护。扁平化网络架构的优势在于能够允许更多的路径通过网络，可以满足数据中心对虚拟化网络和虚拟机迁移的支持，同时，能够缩短延迟，提高可用带宽。目前，扁平化网络架构适合于中小规模的高校校园网络，在数据中心网络中也逐步被接受。

对于大型校园网络，为了保证网络稳定，校园核心设备尽量采用双核心架构，互为冗余备份，即使一台核心设备出现故障，也能保证整个网络正常运行，每台设备应该具有双电源冗余备份，双电源尽量采用独立的市电输入，进一步加强电源的稳定性。对于校园内不同的功能分区，根据重要性不同决定是否采用冗余备份。比如对于业务比较重要的办公区，加之，用户数相对较少，该区域可采用双汇聚架构，实现设备冗余。该区域所有汇聚层交换机采用双上联链路与核心交换机相连，所有接入交换机采用双上联链路与两台汇聚交换机相连。双汇聚交换机可以互为冗余备份。采用此双汇聚架构，从设备到链路，均实现冗余备份和数据分流，能够大大增加区域网络的稳定性，保证重要业务不中断。采用双上联链路不仅保证整体网络拓扑的稳定性，而且可以实现数据的分流，做到负载均衡。对于用户数比较集中的学生宿舍区和家属区，可设置一台区域核心交换机。区域内所有汇聚交换机采用单链路与区域核心交换机上联。区域核心交换机能够减轻校园核心交换机的工作压力，实现设备冗余，从而保证整体网络的稳定性。

三、校园网线路规划

校园网线路规划包括出口线路规划和内部线路规划。校园网出口线路规划一般考虑网络资源情况和访问速度。目前，高校校园网一般都拥有多个出口线路，即同时具备中国教育科研网出口（教育网）和中国公共计算机互联网（如联通、移动、电信、长城宽带等）出口。多出口架构主要基于以下两点考虑：① 互联网资源在教育网、联通、移动和电信等服务器上均有分布，且各有所长，多出口能够保证访问互联网的速度；② 解决线路备份问题，避免单出口单点故障的情况。

教育网是教育系统构建的自己的网络，基于各个学校之间的互连，成为一个网络，实现各种教育资源的共享和支撑，教育网的资源分布在各高校的服务器上。教育网服务的对象是学校中的教职工和学生，教育网的优势是学术类资源比较丰富，如期刊论文、学位论文、在线开放课程等，用户可以通过访问各高校门户网站访问所需资源，如清华大学、华中科技大学、郑州大学、河南科技大学等。

中国公共计算机互联网俗称公网，是另外一张网，服务对象是所有中国境内的居民和企事业单位等公共群体，公网的资源分布在联通、电信、移动等电信运营商的服务器上，提供的资源相对丰富，用户可以通过访问公网门户网站获得所需资源，如百度、腾讯等。由于公网资源分布在不同电信运营商的服务器上，所以高校用户访问公网资源速度有差异，而访问教育网资源速度一般较快。为了保障高校用户访问网络资源的速度和质量，高校除了拥有教育网出口线路，一般还拥有多个电信运营商出口线路。此外，通过策略路由实现当用户访问位于联网线路上的资源的时候，将用户指向联通出口线路，当用户访问位于移动线路上的资源的时候，将用户指向移动出口线路，同样，当访问教育网资源和电信线路资源的时候，将用户分别指向教育网出口线路和电信出口线路。校园出口设备具有各出口线路互相备份功能，当某一个出口线路不通畅或者出现故障的时候，自动将用户流量指向通畅的出口线路。

校园网内部线路一般考虑线路冗余和稳定性。通常，校园网采用三层组网结构，以万兆为骨干，千兆到汇聚，百兆到桌面。即高校校园网大部分骨干线路为万兆链路甚至双万兆链路，如果有多校区的情况，各校区之间一般为万兆链路，个别高校的骨干核心链路甚至为双万兆链路。校园核心层内部及校园核心交换机至各分区核心交换机之间通常为万兆链路，分

区核心交换机至汇聚交换机为千兆链路，汇聚交换机至接入交换机之间为千兆互联，接入交换机至用户为百兆链路。个别新建校园网络可达到千兆至用户桌面的情况。河南科技大学校园网核心骨干已实现双万兆链路聚合，四校区万兆环状互联，各区域核心设备万兆上联，确保核心层设备的高速稳定。

四、IP 地址管理

对于高校来说，无论是教育网还是联通、电信或移动等互联网提供的公网 IP 地址都非常有限。高校校园网的主机数量庞大，分属的区域众多，出于安全和管理两方面考虑，一般通过 NAT 地址转换、VLAN 划分和 DHCP 技术进行 IP 地址管理。为了便于管理因此必须进行地址转换和 VLAN 的划分。校园网的用户一般包括教职工用户和学生用户，部分用户使用计算机的水平相对较低，特别是老教职工，如果采用手工设置 IP 地址，会给管理和维护带来很多额外工作。下面先简要介绍 IP 地址、NAT 地址转换、VLAN 划分和 DHCP 技术，最后以某高校为例介绍 IP 地址管理实例。

1. IP 地址

IP（Internet Protocol）协议是互联网最重要的协议之一，实现网络之间的互联，IP 地址就相当于日常生活中每个人的身份证号和手机号，实现身份识别和网络通信。

IP 地址编址方案：IP 地址空间划分为 A、B、C、D、E 五类，其中 A、B、C 是基本类，D、E 类作为多播和保留使用。IP 地址的具体分类如下：

A 类：1.0.0.0 到 127.255.255.255，掩码：255.0.0.0，私有地址：10.0.0.0 到 10.255.255.255。

B 类：128.0.0.1 到 191.255.255.255，掩码：255.255.0.0，私有地址：172.16.0.0 到 172.31.255.255。

C 类：192.0.0.1 到 223.255.255.255，掩码：255.255.255.0，私有地址：192.168.0.0 到 192.168.255.255。

D 类 224-239，是用于组播通信的地址，不能在互联网上作为节点地址使用。

E 类 240-254，用于科学研究地址，也不能在互联网上作为节点地址使用。

2. NAT 地址转换

NAT（Network Address Translation）即网络地址转换。NAT 主要用来解决 IP 地址不足问题，同时实现内网与外网的隔离，隐藏并保护网络内部的计算机。借助于 NAT，私有地址的“内部”网络通过路由器发送数据包时，私有地址被转换成合法的 IP 地址，一个局域网只需使用少量 IP 公网地址即可实现私有地址网络内所有计算机与 Internet 的通信需求。NAT 的实现方式有三种，即静态转换 Static Nat、动态转换 Dynamic Nat 和端口多路复用 OverLoad。

3. VLAN 划分

VLAN（Virtual Local Area Network）即虚拟局域网，是为了解决广播风暴和安全问题提出来的一种技术。VLAN 可以实现一台物理网络设备虚拟化为多台逻辑设备，也可以实现多台物理设备虚拟化为一台逻辑设备，实现局域网的分割和扩展。VLAN 用 VLAN ID 把用户划分为多个工作组，每个工作组就是一个虚拟局域网，不同工作组之间不能二层互访。不同 VLAN 之间通信由路由来完成。

4. DHCP 技术

DHCP（Dynamic Host Configuration Protocol）是动态 IP 分配协议，主要是为了解决手动分配 IP 地址效率低的问题。DHCP 基于客户端/服务器模式工作。DHCP 服务器负责配置 IP 地址池，包括 IP 范围、子网掩码、DNS、网关、租赁有效期等信息。DHCP 客户端从 DHCP 服务器租赁 IP 地址使用。DHCP 能够大大提高网络管理员的工作效率。

5. IP 地址管理实例

高校一般有多个功能区域，如学生宿舍区、办公区、教学区、家属区、

服务器区等。IP 地址可遵循如下原则来设计：① 用户数较多的学生宿舍区采用 B 类私有 IP 地址；② 家属区采用 C 类私有 IP 地址；③ 办公区和教学区采用教育网真实 C 类 IP 地址；④ 与 internet 互联设备 IP 地址采用教育网真实 C 类 IP 地址；⑤ 服务器区采用 C 类私有 IP 地址，NAT 后供网络管理人员远程访问；⑥ 内部设备互连采用 C 类私有 IP 地址。用户的私有 IP 地址由统一出口的边缘设备（路由器、防火墙）进行地址翻译。即出口路由器（防火墙）互联采用合法 IP 地址，校园网络整体 IP 规划见表 3-1。这样设计，既可以充分利用已有的公网 IP 地址，解决了 IP 地址空间不足的，既可以方便地实现互通互连，而且将地址翻译（NAT）这种耗费设备资源的工作由网络边缘设备分担，提高网络数据传输整体性能。

表 3-1　校园 IP 地址整体规划表

校园网功能区	IP 地址网段	备注
学生宿舍区	172.16.0.0/16	B 类私有 IP 地址
办公区	教育网 IP 地址	C 类真实 IP 地址
教学区	教育网 IP 地址	C 类真实 IP 地址
家属区	192.168.0.0/24	C 类私有 IP 地址
服务器区	192.168.0.0/24	C 类私有 IP 地址

下面以一个具有 10 栋宿舍楼（每栋 6 层）的学生宿舍区为例，介绍 IP 地址管理和 VLAN 划分方法。根据之前的 IP 地址规划，学生宿舍区采用 B 类私有 IP 地址 172.168.0.0/16 网段，子网掩码 255.255.0.0，具体规划见表 3-2。

表 3-2　宿舍区 IP 地址划分表

楼宇	IP 地址段	C 类地址个数
1 号楼	172.16.0.0-172.16.7.255	8
2 号楼	172.16.8.0-172.16.15.255	8
3 号楼	172.16.16.0-172.16.23.255	8
4 号楼	172.16.24.0-172.16.31.255	8
5 号楼	172.16.32.0-172.16.39.255	8
6 号楼	172.16.40.0-172.16.47.255	8
7 号楼	172.16.48.0-172.16.55.255	8

续表

楼宇	IP 地址段	C 类地址个数
8 号楼	172.16.56.0-172.16.63.255	8
9 号楼	172.16.64.0-172.16.71.255	8
10 号楼	172.16.72.0-172.16.79.255	8

每栋宿舍楼划分 8 个 C 类 IP 地址。这里以 1 号宿舍楼为例，介绍 IP 地址与 VLAN 对应关系。见表 3-3。

表 3-3　1 号宿舍楼 IP 地址与 VLAN 对应关系

楼号	VLANID	VLAN 用途	IP 网段	用户 IP 网关	交换机管理地址	交换机网关
1 号楼	1	管理	172.16.7.0/24		172.16.7.254	172.16.7.254
	10	一层用户	172.16.1.0/24	172.16.1.254	172.16.7.253	172.16.7.254
	20	二层用户	172.16.2.0/24	172.16.2.254	172.16.7.252	172.16.7.254
	30	三层用户	172.16.3.0/24	172.16.3.254	172.16.7.251	172.16.7.254
	40	四层用户	172.16.4.0/24	172.16.4.254	172.16.7.250	172.16.7.254
	50	五层用户	172.16.5.0/24	172.16.5.254	172.16.7.249	172.16.7.254
	60	六层用户	172.16.6.0/24	172.16.6.254	172.16.7.248	172.16.7.254

1 栋楼划分 8 个 C 类 IP 地址，其中 6 个 C 类地址分别分配给每层的用户，1 个 C 类 IP 地址用作管理，1 个 C 类 IP 地址保留，用于后期扩展。在 1 号楼的汇聚交换机上共划分 8 个 VLAN，其中 VLAN10-VLAN60 分别对应 1 至 6 层宿舍楼，VLAN1 用作管理。2 号宿舍楼的 IP 地址与 VLAN 的对应关系见表 3-4。

表 3-4　2 号宿舍楼 IP 地址与 VLAN 的对应关系

楼号	VLAN ID	VLAN 用途	IP 网段	用户 IP 网关	交换机管理地址	交换机网关
2 号楼	1	管理	172.16.15.0/24		172.16.15.254	172.16.15.254
	10	一层用户	172.16.9.0/24	172.16.9.254	172.16.15.253	172.16.15.254
	20	二层用户	172.16.10.0/24	172.16.10.254	172.16.15.252	172.16.15.254
	30	三层用户	172.16.11.0/24	172.16.11.254	172.16.15.251	172.16.15.254
	40	四层用户	172.16.12.0/24	172.16.12.254	172.16.15.250	172.16.15.254
	50	五层用户	172.16.13.0/24	172.16.13.254	172.16.15.249	172.16.15.254
	60	六层用户	172.16.14.0/24	172.16.14.254	172.16.15.248	172.16.15.254

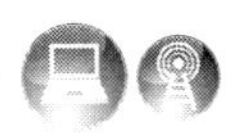

2 号楼的 8 个 C 类 IP 地址中 6 个分配给每层的用户，1 个用作管理，1 个保留。在 2 号楼的汇聚交换机上也划分 8 个 VLAN，其中 VLAN10-VLAN60 分别对应 1 至 6 层宿舍楼，VLAN1 用作管理。这里 2 号楼的 VLAN ID 可以与其他楼宇相同，相当于两个班级都一个叫张三的同学一样。VLAN 可以通俗地理解为一个二层交换机。由于它们在不同的汇聚交换机中，所以不会出现通信误解。

五、校园网机房弱电间分布

高校通常有多个功能区，如办公区、教学区、学生宿舍区、家属区等，有些高校在发展过程中还出现多个校区的情况，这些区域之间有时相隔几百米，有时相隔十几甚至几十公里，各区域都有大量网络设备和线材，加之，建设过程往往不是一次性完成，存在分期施工的情况，新旧程度不同的网络设备和网络线路混杂在一起，如果不能统一规划管理，将给后期的网络维护和网络建设带来非常大的麻烦。这些情况在老校区普遍存在，新建校区和楼宇规范性较好，这情况较少。为了规范管理，应该对全校各个区域的弱电设备间进行统一的规划。一般遵从以下设计原则：

① 分校区可按功能分区对待，在分校区和分区域设置区域核心机房。通常区域核心机房面积不应少于 20 m^2，机房中放置区域核心交换机、光纤配线架和网络机柜等。区域核心交换机出现故障将影响该区域所有用户的上网，重要性仅次于校园网络核心机房，故对工作环境要求较高。机房中需要配置空调和 UPS 电源，解决区域核心交换机散热和供电稳定问题。

② 每个楼宇的每一层设置 1～2 个弱电机房，楼宇长度不超过 100 m 设置 1 个弱电机房。楼宇长度超过 100 m 后，每 100 m 设置 1 个弱电机房。通常楼宇弱电机房面积不应少于 10 m^2，位于每一层的同一个上下位置，弱电机房通过竖井相连。弱电机房放置汇聚交换机、接入交换机、双绞线配线架和网络机柜。汇聚交换机负责本楼宇所有接入交换机的汇聚。接入交换机负责本层用户的接入上网。楼宇弱电机房应注意通风散热问题，有条件的话，尽量在楼宇汇聚设备所在机房安装空调和 UPS 电源。

③ 分区核心机房与楼宇汇聚弱电机房通过光纤相连。楼宇汇聚设备与楼层接入设备之间可以光纤连接，也可以通过双绞线连接，根据网络质量要求决定采用具体哪一种。设备之间的距离不超过 80 m 的话，可用双绞线，否则，应该用光纤连接。接入设备之间通常为双绞线连接。接入设备与用户之间为双绞线连接。用户网线全部经过横向桥架固定到弱电机房的双绞线配线架上，然后，通过跳线连接到接入交换机。

④ 采用自下而上的方式推算出楼层接入交换机的数量和分布、汇聚设备的数量和位置、弱电机房中网络机柜的大小、弱电机房的数量和位置、辅助设备和辅材数量等。下面举例说明，比如对于一个由 10 栋宿舍楼组成的学生宿舍区，如果每栋均为 6 层宿舍楼，每层有 28 个宿舍，每个宿舍放置 4 个信息点。每一层需要 28×4=112 个信息点，如果采用 24 口交换机，则需要 5 台 24 口接入交换机。每栋楼需要 5×6=30 台 24 口接入交换机和 1 台 24 口汇聚交换机。为了保证网络通信质量，避免线路过长影响网络速度，在该宿舍楼中间位置设置弱电机房，1 楼至 6 楼各一间，通过竖井上下相连，1 台汇聚交换机放置在 1 楼，每一层放置 5 台接入交换机。汇聚交换机与接入交换机之间通过双绞线相连。每台接入交换机配置对应数量接口的双绞线配线架，安装在网络机柜上。5 台交换机通常需要一个不低于 1.8 m 的网络机房。交换机数量少可以采用小型网络机柜。学生宿舍区需要区域核心交换机 1 台。该学生宿舍区共需要区域核心交换机 1 台、24 口汇聚交换机 10 台、24 口接入交换机 300 台、万兆光纤模块 25 对、千兆光纤模块 300 对、2 米网络机柜 60 台、网络光纤配线机柜 1 台。其他设备和辅材，如空调和 UPS 电源的数量和规格等可根据以上几个设计原则推算得到。

第三节　高校校园网络出口设计

校园网络出口，顾名思义，即校园网络与外部网络连接的部分。校园网络内部是一个大型的局域网，支撑校园内非互联网业务，如 OA 系统、

教学管理系统、一卡通系统、门禁系统等等。师生更需要互联网来满足学习和生活需要，如搜索学术论文，登录微信，购买车票等等，这时候需要通过校园网络出口访问互联网。校园网络出口主要由以下几部分组成，分别是出口路由器、出口防火墙、NAT 地址转换、负载均衡、流量控制、认证计费系统、上网行为管理和安全审计、VPN 服务等。

一、出口路由器

路由器是不同网络之间互联的枢纽，相当于网络的骨架。如果把互联网看作是一张大网，那么这张大网由大量大小不等的小网组成，一个 IP 代表网络上的一个节点，网络设备之间通过 IP 进行身份识别和数据交换，通过路由器将数据包传递到相邻节点。路由器的主要工作就是为经过路由器的每个数据帧寻找一条最佳传输路径，并将该数据有效地传送到目的站点。路由器的路由表中保存着各种传输路径的相关数据。路由表有两种产生方式，一种是静态路由，由管理员设置 IP 数据的传输路径；另一种是动态路由，由路由算法自动产生并不断更新。

路由器从数据包中提取 IP 地址等信息，从自身维护的路由表中寻找将数据包从哪个端口送出，完成数据包传递。路由器最基本的两个功能是“拆包”和“寻址”。互联网上数据包的传递与快递公司送快递十分相似，并不是一个快递站把客户包裹直接送到目的客户，而是根据数据包地址送到下一个节点，不断的接近最终地址，最终实现包裹的投递。路由器寻址过程也是类似原理。依据最终地址，在路由表中寻址，通过算法确定下一转发地址对应的端口，将数据包发送的该端口，即完成了自身的工作。接下来的工作由下一个路由器负责完成，直至将数据包送达目的地。

路由器可以是专用硬件设备，也可以是软件。校园网出口路由器是一台专用硬件设备，负责校园网与互联网之间的数据包传递，主要功能包括：

① 实现 IP、TCP、UDP、ICMP 等网络的互连。

② 对数据进行处理。收发数据包，具有对数据的分组过滤、复用、加

密、压缩等各项功能。

③ 依据路由表的信息，对数据包下一传输目的地进行选择。

④ 进行外部网关协议和其他自治域之间拓扑信息的交换。

二、出口防火墙

防火墙是一种位于内网和外网之间的安全网关，是计算机硬件和软件的结合体。

防火墙依据网络五元组（源地址、目的地址、源端口号、目的端口号和网络协议）实现访问规则控制、数据包过滤等功能。

1. 防火墙的作用

一台防火墙设备往往有很多相互独立具有双向通信功能的接口，每个接口就像一个双向通行的门，每个门里面有一名保安，他根据事先设定的访问规则，来决定放行或者禁行每一个通过的数据包（人）。

防火墙可以工作在网桥模式或者路由模式。网桥模式无须改变网络拓扑结构，用来保护同一子网上不同区域（部门）的主机。在校园内网与互联网之间使用路由模式的防火墙，使用防火墙的网络地址转换功能和代理功能，保护校园网络免受攻击。防火墙会缺省设置一些基本规则，不需要用户参与，可以有效防范常见的网络攻击行为，如 IP 地址欺骗、Ping of death、teardrop 以及 Syn flooding 等。

防火墙的监视器实时监控防火墙的运行状态，日志系统提供运行日志分析统计；流量统计提供流量统计报告和曲线。防火墙管理员利用以上信息监控防火墙的运行状态。

2. 入侵检测与入侵防御

防火墙可以根据 IP 地址（IP-Addresses）或服务端口（Port）过滤数据包。但是，它对于利用合法 IP 地址和端口而从事的破坏活动则无能为力。不少攻击程序和有害代码如 DoS（Denial of Service 拒绝服务），DDoS（Distributed DoS 分布式拒绝服务），暴力拆解（Brut-Force-Attack），端口扫

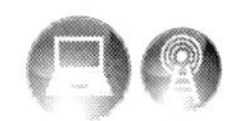

描（Portscan），嗅探，病毒，蠕虫，垃圾邮件，木马等，往往利用防火墙的漏洞和放行规则，钻空子、干坏事。基于通信五元组的防火墙难以防范对应用层的深层攻击行为。入侵检测系统（IDS）和入侵防御系统（IPS）正是防火墙的有益补充。

入侵检测系统（IDS）对那些异常的、可能是入侵行为的数据进行检测和报警，是一种风险管理安全设备。入侵防御系统（IPS）对那些被明确判定为攻击行为进行检测和防御，是一种风险控制安全设备。IDS 和 IPS 能够防御防火墙不能防御的深层入侵威胁。

三、NAT 地址转换

NAT（网络地址转换）有两个作用，一个作用是解决公网地址不足的问题，另一个作用是隐藏内部地址，防止外部网络攻击。NAT 对网络用户透明，用户感觉不到 NAT 的存在。互联网上的主机通过 IP 地址进行通信，IP 地址就相当于每家每户的门牌号，IPv4 地址大约有几十亿个，21 世纪的前 10 年已经分配殆尽，为了让新增的网络用户能够进行互联网通信，NAT 技术被广泛应用。NAT 将内网地址转换成合法的互联网地址。内网主机想要访问互联网需要通过 NAT 设备，把 IP 地址转化成公网的 IP 地址，外网访问内网时也要经过 NAT 设备把所要访问的目的 IP 地址从外网转化成私网的 IP。主要有三种 NAT 方式：即静态转换、动态转换、端口地址转换。静态转换：将私网 IP 地址转换为公有 IP 地址，转换方式是一对一且固定不变，一个私有 IP 地址只能固定转换为一个公有 IP 地址，使用静态转换可以实现对内网一些特定设备或服务的访问。静态 NAT 比较麻烦，每一个私网地址对应着一个公网地址。动态转换：动态转换是指将内网的多个私有 IP 地址转换为多个公有 IP 地址，NAT 会从公用 IP 地址池中随机选一个转换，与静态转换相比，动态转换节约了 IP 地址数量。端口地址转换：既改变外部报文的 IP 地址，也改变报文的端口。端口地址转换进一步节约了 IP 地址数量。内网的所有主机均可共享一个合法的外部地址实现对外访问，从而可以最大限度地节约 IP 地址资源，同时隐藏内网主机，有效的避免来自外部的攻击。

四、负载均衡

校园网上行（访问互联网）流量首先汇聚到校园网核心交换机，再经过流量控制设备、认证与计费设备后，到达校园网出口路由器，出口路由器根据事先设定的策略路由，将流量通过出口防火墙指向 ISP（互联网服务提供商）线路接口，如图 3-4 所示。高校校园网访问互联网通常有电信、联通、移动和教育网等多个 ISP 线路接口，每个接口费用不同，链路品质也有差异，为了提高各个链路的使用效率，达到最佳的性价比，需要将校园网出口流量尽可能合理均衡分配到几个 ISP 线路接口上，同时也为了应对个别出口链路故障，实现链路之前互相备份，这项工作就由负载均衡设备来完成。负载均衡设备将特定的业务（网络服务、网络流量等）分担给多条链路，多条链路分担内网用户访问外部互联网的流量，从而提高了业务处理能力，保证业务的高可靠性。

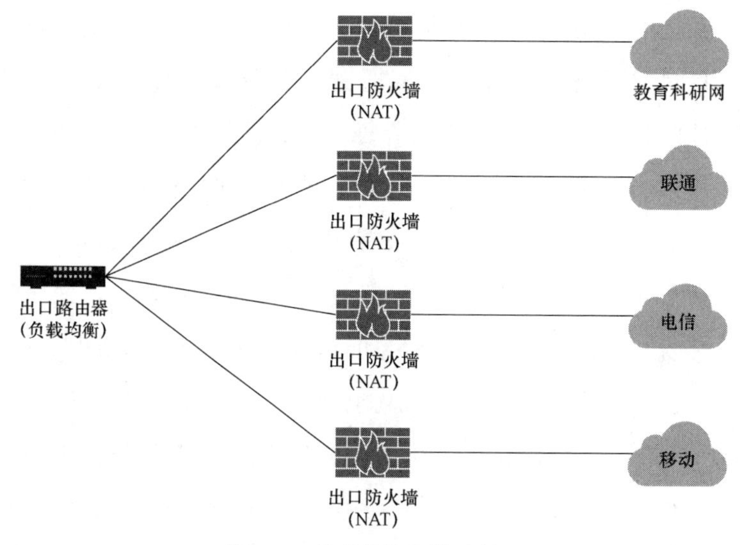

图 3-4　负载均衡与防火墙

负载均衡设备通常具有如下特点：

 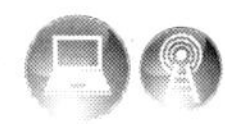

（1）高性能

设备具有较高的吞吐能力和处理能力，网络各层均不存在阻塞，具备对突发流量的承受能力。

（2）高可靠性

设备位于整个网络的出口咽喉位置，整个校园网出口流量都由该设备承载，所以设备必须具备高可靠性。

（3）高效的健康检测算法

负载均衡设备需要高效率的健康监测算法，以便从网络层、应用层全方位地探测、检查服务器和链路的运行状态，选择最合适的服务器或出口链路，实现高效的负载均衡功能。

（4）丰富的负载均衡调度算法

全面丰富的负载均衡算法以满足各种负载均衡需求。

（5）全面的安全防护能力

设备需要具备安全防护能力，应对各种安全状况，保护校园数据安全。

五、认证计费系统

校园网络的流量控制功能一般由认证计费系统负责完成，认证计费系统根据用户类别和不同时段校园网络出口流量承载能力，为不同用户（办公区、宿舍区、家属区、教学区）设置带宽上限，控制校园网络整理流量在合理区间，确保校园网络质量。

根据国家网络安全法的要求，校园网络服务提供者需要对网络用户实行实名认证。认证计费系统又称为AAA系统，AAA即认证（Authentication），授权（Authorization）和计费（Accounting）。认证是对用户的身份进行验证，判断其是否为合法用户；授权是对通过认证的用户，授权其可以使用哪些服务；计费是根据用户使用网络服务的资源情况计算费用。认证计费系统的基本核心功能由前端用户认证、后台计费结算、数据库管理等部分组成，随着应用需求的发展变化，很多附加功能也成为系统的必要组成，例如上网日志记录，带宽限制（流量控制）等。

常见的宽带认证方式包括WEB认证、客户端认证、PPPOE认证、802.1X认证等。其中 WEB 认证和客户端认证是最常用的宽带认证方式，PPPOE认证是以前窄带电话线时代遗留下来的认证技术，目前处于淘汰阶段。802.1X也是早期一种认证技术，是基于端口的认证技术，但其严重依赖于其他第三方网络设备，对其他设备要求较高，部署缺乏灵活性和扩展性。

认证计费系统应具有认证功能、计费功能、用户管理功能、日志记录功能、统计功能、防代理功能等。

六、上网行为管理和安全审计

上网行为管理和安全审计主要是监测和控制不当网络行为，比如校园网络负载过高时，限制 P2P、流媒体等大网络流量应用，工作时段禁止炒股、游戏类应用，禁止用户访问和发布危害国家安全的网络内容，禁止用户访问黄赌毒等网络内容，禁止用户访问“校园裸贷”等相关内容。上网行为管理设备通过先进的行为分析，控制引擎、灵活多样的管理控制策略，实时分析网络活动，匹配管控策略，并生成丰富的统计报表，满足互联网使用单位的网络行为监控需求。上网行为管理设备一般具备网页访问过滤、上网隐私保护、网络应用控制、带宽流量管理、信息收发审计、用户行为分析等功能。

网络安全审计是指按照安全策略，基于日志记录、系统活动和用户活动等信息，发现系统漏洞、入侵行为或改善系统性能的过程。网络安全审计实际是记录与审查用户操作计算机及网络系统活动的过程，从安全审计级别上可分为系统级审计、应用级审计和用户级审计 3 种类型。

七、VPN服务

虚拟专用网（VPN）能够为校外师生访问校园网内资源提供网络通道。为了增加校园网和校园数据的安全性，校园网内大部分服务器通常对互联

网隐藏。校外住宿或者出差的教职工和寒暑假回家的学生有访问校园教学资源的需要，比如登录图书馆查阅资料，登录 OA 系统办理业务，访问教学资源平台等，这时候就需要 VPN 设备提供服务。

VPN 利用公网资源建立虚拟专网连接。VPN 通过公众网络建立私有数据传输通道，将远程的办公室、校园师生等连接起来。用户登录 VPN 以后，就相当于在校园内一样访问校园网资源。VPN 可通过服务器、硬件、软件等多种方式实现，主要采用隧道技术、加解密技术、密钥管理技术和使用者与设备身份认证技术确保安全性。

第四节　高校校园无线局域网

一、校园无线网络建设概要

无线局域网络（Wireless Local Area Networks，WLAN）利用电磁波代替双绞铜线进行数据通信。WLAN 常见标准有以下几种：IEEE802.11a、IEEE 802.11b、IEEE 802.11g、IEEE 802.11n、IEEE 802.11ac、IEEE 802.11ax（Wi-Fi 6）以及最新的 IEEE 802.11be（Wi-Fi 7）等，一般使用 2.4 GHz 和 5 GHz 频段。教职工和学生可以在覆盖校园无线网的区域，与其他同学实时互动，比如查阅在线教学资源、提交作业、提问疑难问题等。无线网络克服了有线网络的局限性，扩充了校园网络的接入能力，提高了网络利用率。WLAN 的优点是移动性、漫游功能以及接近有线网络体验的传输速度、无感知认证等。

无线网络建设通常在校园有线网络的基础上进行。校园无线网络可保持与原有校园有线网络相同的架构。在逻辑上和管理上可以把校园无线网络看作校园有线网络的一个分区，通过在有线网络上增加无线控制器 AC、POE 交换机、无线 AP 及相应的管理系统（网管平台、认证平台等）实现校园无线网络的全面覆盖。

二、校园无线网络需求分析

重点考虑无线网络核心设备、总出口带宽、无线网络用户数、无线网络信号强度、无线网络安全、无线网络覆盖范围等见表 3-5。

表 3-5　无线网络总体需求分析

项目	分项细则	指标	含义
建设需求	校园核心出口设备	万兆以上	核心设备性能
	网络骨干链路带宽	千兆及以上	核心设备与汇聚设备之间
	出口总带宽	不低于每万名用户 5G	随用户需求在此基础上渐增
	整网无线终端兼容指标	支持 802.11a/n/ac、802.11b/g/n、802.11ac 和 802.11.ax 协议	校园无线网接入技术
	整网无线覆盖信号指标	≥－75 dbm	校园无线网信号强度
	无线网室内覆盖范围	≥95%	覆盖区域包含：办公楼、体育馆、学生宿舍、图书馆、教学楼、报告厅、会议室、食堂等
	无线网室外覆盖范围	≥80%	覆盖区域包含：校内所有室外区域
	校园网可容纳用户数	全校师生总数 130%	整网可容纳接入用户数量
	校园网支持协议	IPv4/IPv6	支持 IPv6 的应用
	校园网可用性	＞95%	网络全年无故障分钟数/365×24×60
	上网日志	符合公安部 82 号令技术要求	实现用户上网日志管理
	认证计费系统	至少满足三家主流运营商接入	同时实现与多家运营商（电信、移动、联通等运营商）认证计费系统的对接

综合考虑稳定性、安全性、先进性和可扩展性等要求，充分满足校园网络用户的使用需求，建成一个统一管理的有线无线一体化系统。可支持的 AP 数量既要满足目前的使用容量要求，更应考虑未来在不改变主体架构的前提下，实现平滑升级和扩容。所有设备无线 AP 应当支持标准 IEEE 802.11ac 及更新的相关标准（如 Wi-Fi 6、Wi-Fi 7 等），支持主流 AAA 认证系统；教学办公区域全部采用基于 802.11ac 协议的室内室外高性能 AP，学生公寓区采用 802.11ac 协议基于主 AP 和分 AP 方式，室外广场、学术报告

厅、大型会议室等场所采用基于 802.11ac 协议的室内室外高性能 AP。学生宿舍 AP 必须考虑 AP 安全（防盗、防破坏等）。无线网络更需要满足对安全性的要求，如提供用户身份鉴别、访问控制、审计等功能；无线控制设备或无线交换机应当支持冗余；无线网络方案设计易实施、系统易管理；灵活支持未来基于 Wi-Fi 的互联网应用。

无线网络建设应注重实际应用效果，覆盖校园内区域，为校内用户便利的高质量无线网络环境。在建设无线校园的同时，建设无线校园网管非常重要。需要配置无线网络综合管理系统对无线网络进行统一管理，管理的对象要求包括所有的无线控制器 AC、POE 交换机和无线 AP，管理的功能要求包括配置管理、性能管理、故障管理、安全管理，并具有自动定期报表生成和发送功能。

三、校园无线网络总体设计

1. 采用分布式数据转发模式

为了便于无线网络的后期扩展，避免在无线控制器上形成瓶颈，要求采用分布式数据转发模式。无线控制器通过万兆端口接入到校园网出口核心交换机，负责 AP 的管理。配备专用的 POE 交换机，无线 AP 就近接入 POE 交换机，POE 交换机接入到相应的汇聚交换机。

要求室内式 AP 和室外式 AP 正常情况下采用 Fit 模式工作，若 AC 或链路出现故障，AP 能自动切换到 Fat 模式，按照之前下发的配置信息继续工作；当 AC 或链路恢复正常后，AP 能自动恢复到原来的 Fit 工作模式。面板式 AP 采用 Fit 模式工作，且若 AC 或链路出现故障，AP 能按照之前下发的配置信息继续工作。要求无线信号覆盖楼宇的室内及相应周边区域，信号强度不得低于 –60 dBm，且在正常情况下，接入用户需能流畅浏览网页、观看校内高清视频。同时提供 IPv6/IPv4 双栈服务，目前支持 IPv6 网络设备的普及和基于 IPv6 的夜晚增多，要求无线方案需同时支持 IPv6 和 IPv4 网络服务，能实现 IPv6 关键业务，能够提供 IPv6 网络服务。

2. 实现有线无线一体化管理

提供功能完善的网络管理系统，实现对有线无线设备的一体化集中管理。具备拓扑发现、状态监控、流量分析、性能浏览、配置下发、安全等管理功能。能直观显示有线和无线的设备状态、端口状态、基本信息。具备丰富的无线设备管理功能，可实现对 AC、AP、移动终端等无线设备的集中管理。可查看移动终端的 MAC 地址、信号强度、使用信道、所在 AP 等详细信息，并能查看移动终端的漫游记录。可通过 POE 交换机实现对 AP 的断电、上电。可对无线入侵进行检测，能明确显示非法接入设备，可对其进行信息查询、攻击等。具备智能告警功能，可通过日志查看详细的告警信息。有丰富的报表和日志功能。

3. 认证计费系统

无线网络认证系统可采用 Portal、802.1x、访客二维码扫描等多种认证方式。面对众多的网络用户，能支持苹果、安卓和 windows 系统等多终端认证，能根据终端特点，自适应弹出不同大小、页面格局的 Portal 页面。要求无线网络认证系统能与现有有线网络认证系统无缝对接，实现有线、无线认证的统一管理、计费。根据学校规模，需提供不少于学校总人数的 130%用户数的内置账号管理，并发不少于学校总人数的 50%用户账号管理。

4. 楼间布线情况与要求

POE 交换机全部采用光纤上联至楼栋汇聚交换机，涉及的光缆须按国家标准进行铺设（需沿用现有弱电线路铺设），且必须用管道方式加以保护。管道材料必须选择达到国家标准的优质 PVC 材料，过路、上墙需用加厚国标镀锌钢管进行保护。POE 交换机下联 AP，全部采用非屏蔽六类双绞线，六类双绞线必须满足国标，线路铺设必须满足综合布线要求。

5. 无线网络总体架构设计

无线校园网建设的总体框架采用“结构化”的分析和控制方案，分为基础网络架构、无线网络建设、无线网络安全保障体系、统一认证计费和统一运维管理五个层面。无线网络总体架构如图 3-5 所示。

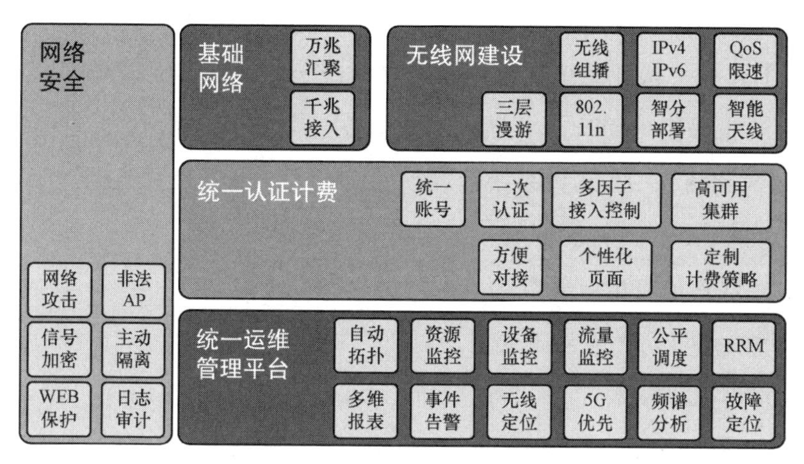

图 3-5　无线网络总体架构图

6. 无线网络总拓扑图

无线网络依托有线网络建设，从校园网络总出口的防火墙、路由器、流控审计、认证、核心交换机，到无线控制器 AC、区域核心、楼宇汇聚、POE 交换机、无线 AP。通过无线 AP 接入点，形成无线网络覆盖。无线网络总拓扑示意图如图 3-6 所示。

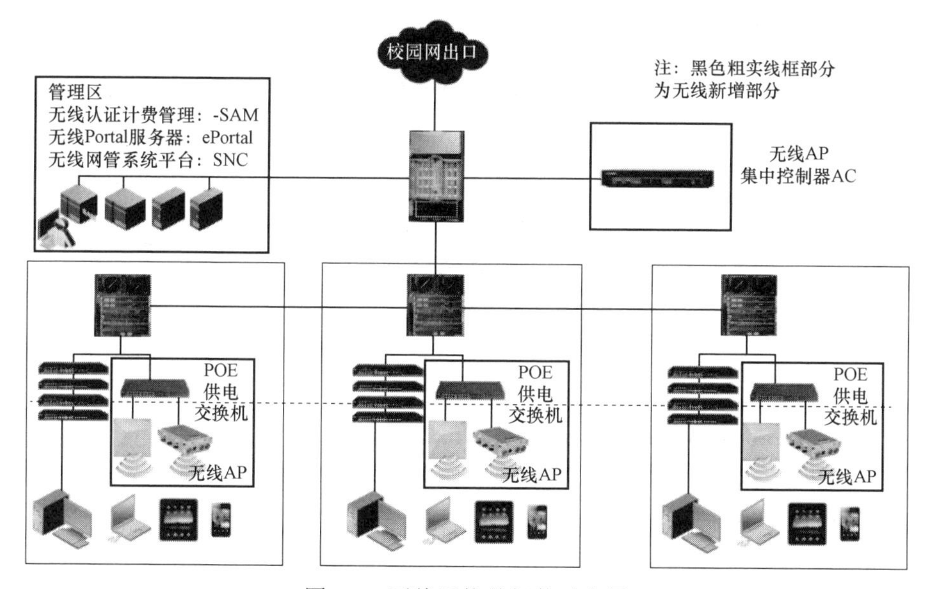

图 3-6　无线网络总拓扑示意图

7. 集中式的身份认证系统

集中式身份认证系统支持校园网内的统一的认证和无缝漫游，对于所有校园无线网接入用户进行统一认证，对于跨校区的账号能通过统一的SSID 接入到网络中，通过系统管理软件统一无线网管理和维护等工作，实现全网化跨 AP 和跨校区的统一认证和无缝漫游。

8. 无线网络可靠性设计

无线网络可靠性设计主要采用以下两种技术。

（1）虚拟化技术

对同一层面的设备进行横向整合，将两台或多台设备虚拟为一台设备，统一转发、统一管理，并实现跨设备的链路捆绑。因此不会引入环路，无须部署 STP 和 VRRP 等协议，简化网络协议的部署，大大缩短设备和链路收敛时间（毫秒级），链路负载分担方式工作，利用率大大提升。无线总汇聚区将采用 IRF 虚拟化技术将 2 台交换机虚拟化为一台设备，提升无线网络可靠性。

（2）无线控制器备份技术

Wi-Fi 网络建设中，针对于瘦 AP+AC 模式部署，随着业务量和用户量逐渐增加，核心 AC 控制器的可靠性要求越来越高。一旦 AC 出现故障将影响整网的 AP 转发。无线 AC 需 1+1 热备技术，AP 和主 AC 建立 CAPWAP 隧道后，将获得备份 AC 信息（IP 等）。AP 同时和备 AC 也建立一条 CAPWAP 隧道。主备 AC 相互间定期心跳检测，备份 AC 发现主 AC down，将通知 AP 切换到备份 CAPWAP 隧道，一旦主 AC 恢复，AP 将重新切回原来的主 AC。切换时间应为毫秒级别，几乎不会对终端使用有任何影响。

四、校园无线网络设备选型要点

校园无线网络设备选型要点如下。

（1）无线控制器（AC）

无线控制器（AC）一般采用 N+1 虚拟化方式部署，当一台 AC 宕机

不影响整个网络；支持云计算管理、分层 AC、星型 IRF 等多种灵活的组网方式，应具有大容量、高可靠、业务类型丰富等特点。

无线控制器（AC）提供强大的无线处理性能，对 802.11ac AP 及传统 AP 进行管理，提供高密端口接入，支持分层 AC 架构，提供智能业务感知，提供灵活的数据转发方式，支持信道智能切换，支持智能 AP 负载分担，支持 7 层移动安全检测/防御（wIDS/wIPS），支持 802.1x 认证、MAC 地址认证、Portal 认证等，支持 IPv4/IPv6 双协议栈（Native IPv6），提供端到端的 QoS，支持快速的二层、三层漫游等。

（2）核心交换机

核心交换机是所有的无线网络汇聚于此，下联区域汇聚，上联路由、防火墙至出口。根据具体情况，可以有线无线共用。楼宇汇聚交换机分为区域汇聚和楼宇汇聚。区域汇聚上联核心交换机，下联楼宇汇聚，根据具体情况，可以有线无线共用。楼宇汇聚上联区域汇聚，下联 POE 交换机，根据具体情况，也可以有线无线共用。

（3）POE 交换机

POE 交换机与室内 AP 通过网线互联，给无线 AP 提供数据通信及 POE 供电。POE 交换机需具有绿色节能、全千兆以太网、增强的以太网供电能力（POE+）、增强的多业务能力、丰富的安全策略和简单易用的网络管理。

（4）无线 AP

无线 AP 根据场景、环境、人员数量的不同，选取不同的无线 AP。放装型 AP 主要部署办公楼、图书馆等室内区域。高密型 AP 主要部署在学校会议室、阶梯教室、食堂等人员密集场所。超瘦型 AP 主要覆盖学校宿舍区域（即一个主 AP 最多带 24 个分 AP）。室外 AP 覆盖学校所有室外区域。

无线 AP 选择标准，尽量选择较新的 802.11ac 或最新 802.11ac Wave2 协议标准，能提供本地转发功能，支持远程探针分析，内置射频优化引擎

（ROE），支持智能负载均衡和支持智能型有线无线一体化管理等。

五、校园无线常见问题调查

向河南若干高校分发问卷，获取用户对校园无线网的使用意见，通过归纳整理，分析了当前高校校园无线网络的现状和存在的常见问题。此次调查研究的目的是通过搜集问卷的数据进行整理分析，运用统计图对各项数据进行直观的呈现，得出河南各高校出现的校园无线网常见问题，为进一步的无线网络优化提供数据参考。

1. 问卷设计

问卷调查表如图 3-7 所示。此次研究通过问卷调查的方式来进行数据整理，以问卷星为平台，通过参考大量文献记录，共设置了 6 道题。问卷是面向河南高校所有校园无线网使用者，问卷设计完成之后通过新媒体网络社交软件进行发布，共发出问卷 400 份，为提高调查问卷样本的合理性，笔者尽可能地采取多渠道发放问卷，因为自己个人能力有限，所以请我的导师为我提供帮助，以扩大样本范围，不仅在本校分发问卷，也在郑州大学、河南大学等高校分发问卷，及时回收问卷并剔除无效问卷后获得有效的问卷一共有 386 份，调查情况几乎覆盖整个河南省的高校，研究对象类型与样本分布较为合适。

2. 样本分析

（1）样本分布比例

通过对问卷调查的分析得知，在平台上发布的调查问卷共成功回收 386 份，其中在郑州大学回收的有用问卷有 136 份，占总人数比为 35%；在河南大学回收的有用问卷有 59 份，占总人数比为 15%；在河南科技大学回收的有用问卷有 168 份，占总人数比为 44%；河南其他的大学回收的问卷数量比较少，就全都合并到其他里，一共有 23 份调查问卷，占总人数比为 6%。调查结果符合问卷调查的随机性，在事实客观规律之内，故样本的选择相对比较公平，基本不会出现小概率事件，如图 3-8 所示。

校园无线网络使用情况调查问卷

1. 您的就读学校是？[填空题]*

____

2. 您是否使用校园无线网？[单选题]*

○是

○否

3. 您的身份是？[单选题] *

○使用者

○管理者

4. 您在使用校园无线网时遇到过以下哪些问题？[多选题]*

□信号弱

□信号覆盖不到

□无线网网速慢

□设备连接不上

□认证不成功

5. 您在使用校园无线网时，最担心的问题是什么？（使用者回答）[填空题]*

____

6. 校园无线网出现问题的原因是什么？（使用者回答）[填空题]*

____

图 3-7　问卷调查表

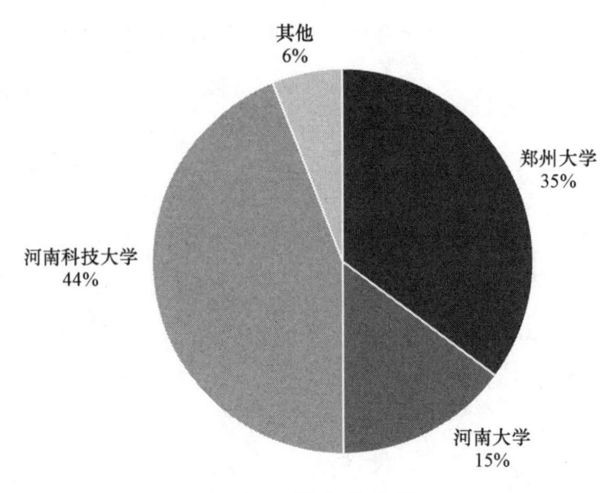

图 3-8　样本分布图

（2）校园无线网常见问题分布

根据以上的样本分布情况，河南科技大学和郑州大学的样本回收数量多，所以笔者以河南科技大学和郑州大学为例，根据样本的情况，归纳总结校园无线网可能出现的常见问题。郑州大学和河南科技大学的常见问题分别如图 3-9 和图 3-10 所示。

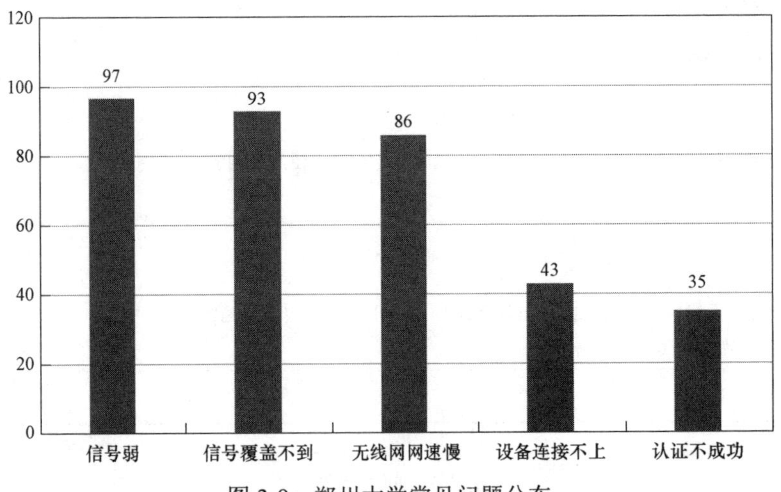

图 3-9　郑州大学常见问题分布

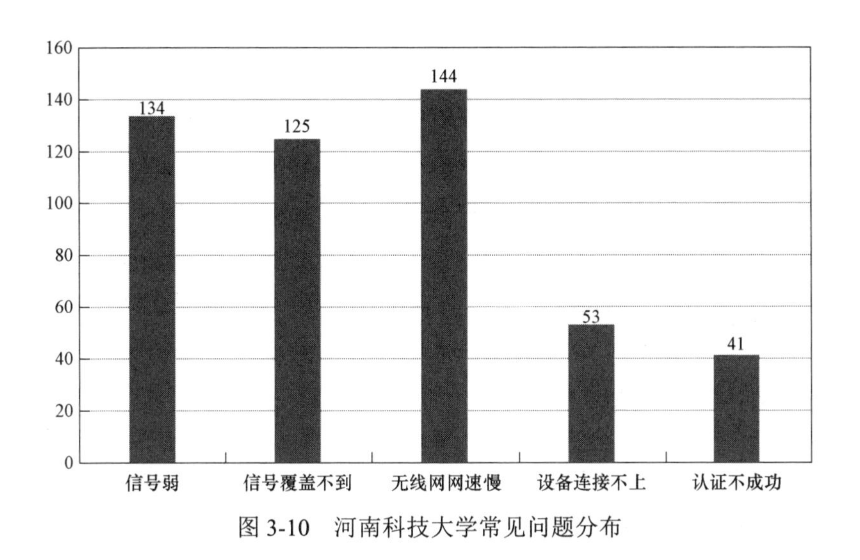

图 3-10 河南科技大学常见问题分布

根据以上图表可知，郑州大学的校园无线网常见的问题是信号弱、信号覆盖不到、无线网网速慢；河南科技大学的校园无线网的常见问题也是信号弱、信号覆盖不到、无线网网速慢。根据调查问卷五六题回答的答案可知，使用者的在使用校园无线网时，最担心的问题是校园无线网的安全问题，占回收样本的 67%。而高校校园无线网的管理者在维护校园无线网时，最容易遇到的问题是校园无线网设备老化，占回收样本的 83%。

3. 调查结论

样本的调查结果符合问卷调查的随机性，在事实客观规律之内，故样本的选择相对比较公平，基本不会出现小概率事件，所以根据回收样本以及统计的数据，在河南高校校园无线网中最常出现的问题有信号弱、信号覆盖不到、无线网网速慢、设备连接不上、认证不成功、校园无线网安全问题和设备老化问题等校园无线网优化建议。校园无线网常见问题可归纳为四类。

（1）设备问题

把无线网网速慢、设备连接不上、设备老化等问题归结为设备问题。

（2）信号问题

把信号弱、信号覆盖不到、归结为信号问题。

（3）认证问题

把认证不成功归结为认证问题。

（4）安全问题

把校园无线网安全归结为安全问题。

六、校园无线网络优化

根据调查问卷发现的问题，从以下几个方面对校园无线网络进行优化。

（1）无线 AP 部署方案优化

无线 AP 的部署方案主要可以分为 FAT AP 以及 AC＋FIT AP 两种。以下分别是 AC＋FIT AP 组网方式（图 3-11）和 FAT AP 组网方式（图 3-12）。

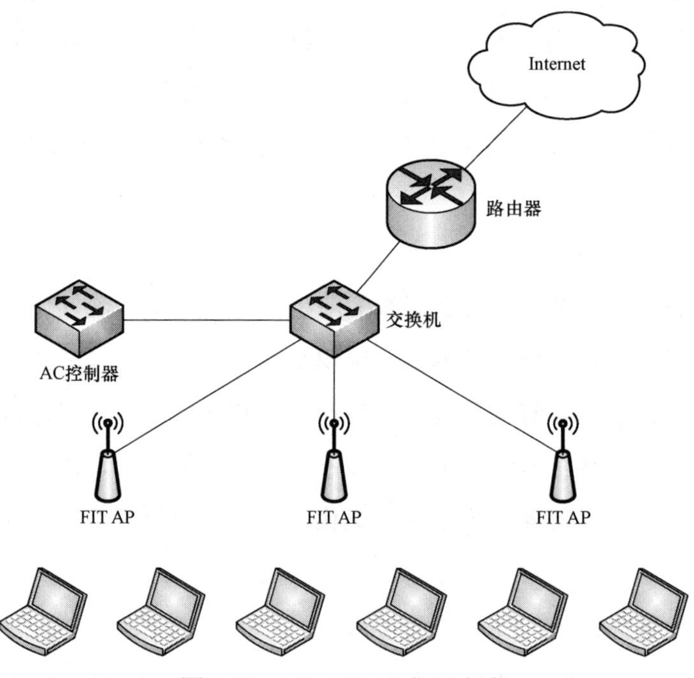

图 3-11　AC＋FIT AP 组网方式

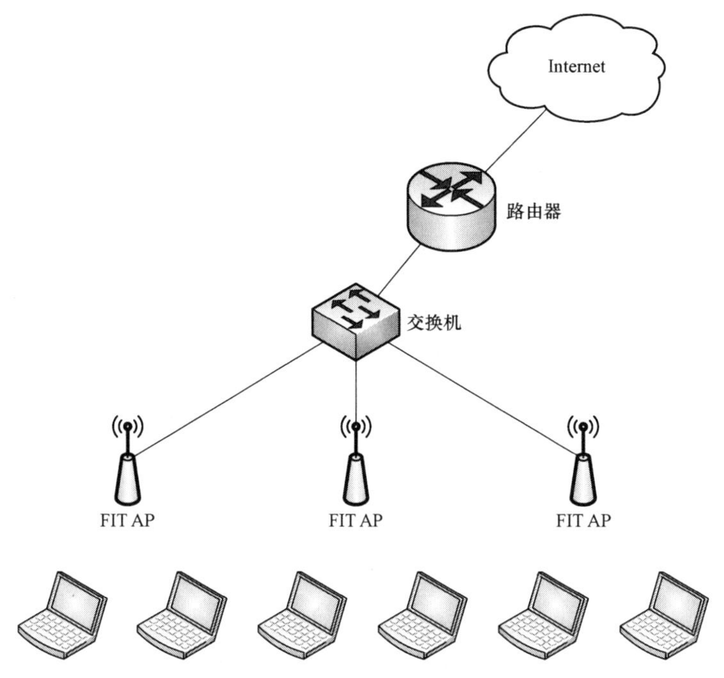

图 3-12　FAT AP 组网方式

FAT AP 以及 AC+FIT AP 方案对比见表 3-6。

表 3-6　FAT AP 以及 AC+FIT AP 方案对比

项目	FAT AP	AC+FIT AP
技术机制	传统方案	新型方案
安全性	采取加密、认证的方式，对用户的上网形式进行保护	安全性较高，实现了基于用户空间位置的上网行为防护
管理能力	实现 AP 机制下的文件配发	以 AC 为平台，合理配置资源
用户管理	与有线网络用户管理相类似	根据用户的权限进行区分
组网规模	适合小规模组网	适合大规模组网
业务增值	可实现简单的数据接入	业务增值拓展能力较强

FAT AP 适用于小规模的无线覆盖，需要为每台 AP 单独配置和管理，但覆盖范围有限。而对于大规模无线部署，FIT AP 则更为适合。因为 FIT AP 不能单独提供服务，多个 FIT AP 将在同一 AC 下协同工作。通过 DCA 系统，AC 为每个 AP 的工作信道进行规划，有效降低了 AP 间的干扰。相比

之下，FAT AP 的单独部署增加了工作量，当用户从一个 AP 的覆盖范围走到另一个 AP 的范围时，需要重新连接，操作较为繁琐。因此，在大规模无线部署中，FIT AP 部署方式是更为优秀的选择。

考虑到现阶段校园内部 AP 数量较为充足，因此在校园无线网络部署的过程中，通常情况下，采取 AC+FIT AP 这一种网络架构。

（2）无线 AP 部署优化

一般情况下，每个 AP 支持连入的用户数量应该保持在 15 到 20 个之间，以此为依据，技术人员安装 AP 的时候，应该考虑如何在安装最少 AP 的情况下，使得 AP 的利用率达到最高，所以为了能保证效率，可以采用 1-6-11 的部署方案。如图 3-13 所示。

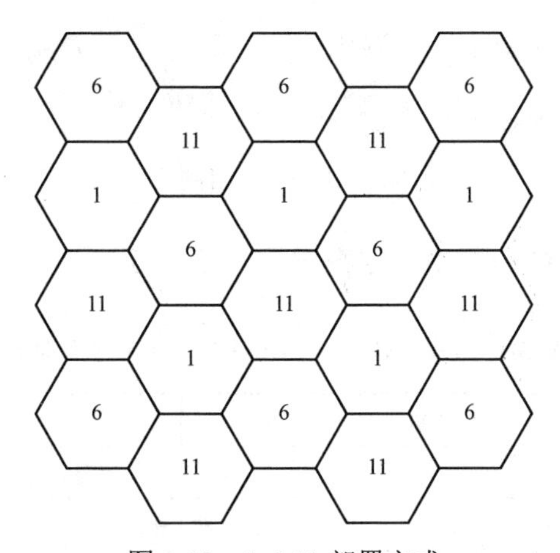

图 3-13　1-6-11 部署方式

Wi-Fi 信号的传输需要使用信道，其中 2.4G 频段拥有 13 个左右交叠的信道。然而，在这 13 个信道中，只有 3 个相互不重合，它们分别是 1、6 和 11。因为这 3 个信道互相不重叠，所以组合起来是兼容性最好的选择。如果在同一频段内使用相邻的信道，则会发生干扰，影响 Wi-Fi 网络的通信质量。因此，在设计和配置 Wi-Fi 网络时，应尽可能地避免同时使用相邻的信道，以确保信号稳定、通信顺畅。学校应该根据实际情况合理规划 AP 的数量，避免过多或过少的部署，合理利用 1-6-11 部署方式，实现 AP

资源利用最大化。

（3）要根据场景需求合理规划和布局无线网络设备

市面上有两种频段的无线 AP，分别是双频段 AP 和单频段 AP，单频段的无线 AP 是 802.1n，双频段在支持 802.1n 的基础上，比单频段还多个 802.11ac，单频 AP 频段频率范围为 2.400～2.483 5 GHz，简称 2.4G；双频中的 5G 使用的无线电频段（5 150～5 825 MHz）简称 5G，2.4G 的无线 AP 的实际传输率为 75～150 Mb/s 之间，而 5G 的 Wi-Fi 的入门级速度是 433 Mb/s，可以看出支持 5G 的无线 AP 的传输速率更快。2.4G 的频段太普通太常见了，所以信号干扰较多。而 5G 频段相对 2.4G 频段更干净，短时间内不容易被干扰。但是需要明白的是，5G 频段的无线 AP 由于频率高、衰减强，传输距离不如 2.4G 的无线 AP 远，尤其是穿墙性能。所以学校可以根据场景合理安排 AP，在密集的寝室，墙体较多的地方，可以用单频段 AP，因为墙体对单频段 AP 的影响较小，而在空旷的教室或者操场等地，应该使用双频段的 AP，合理分配 AP，使用户满意地使用网络资源。

（4）定期更新固件

固件是为了让硬件设备正常运行所必需的软件。定期更新设备的固件，可以修复现有的问题和漏洞，提高设备的稳定性和安全性。

（5）避免灰尘积累

无线网络设备在长时间使用后，会积累很多灰尘和杂物，这会阻碍设备的散热和空气流动，并对设备的内部元件产生负面影响。因此，需要定期清理设备，确保其保持干净。

第四章　校园其他通信网络

在当前高校智慧校园中，除了校园网络，还存在着其他几种与校园网络并存的网络，包括校园财务网、校园一卡通网络、校园安防监控网络、标准化考场网络等。它们要么独立存在，要么融合于校园网络中。下面对以上几种网络的功能特点作简要的介绍。

第一节　校园一卡通网络

校园一卡通系统是集身份识别、校内消费、校务管理、金融服务、公共信息服务为一体的新型数字化校园核心应用项目，是教育信息化建设的基础支撑点。

校园一卡通系统的数据服务器、管理服务器、管理终端、圈存机、消费终端 POS 机、读卡器等设备之间的通信方式为 TCP/IP 协议。根据实际情况校园一卡通系统可以采用建立专网的形式，实现与校园网的物理隔离，保证数据安全，也可以通过防火墙与校园网进行通信降低建设成本，通过 VLAN 技术隔离，保证数据安全。这里从数字化校园建设的角度来设计，将校园一卡通构建在校园网之中，通过防火墙技术和 VLAN 技术保证校园一卡通系统的数据安全。图 4-1 是校园一卡通系统的系统架构。

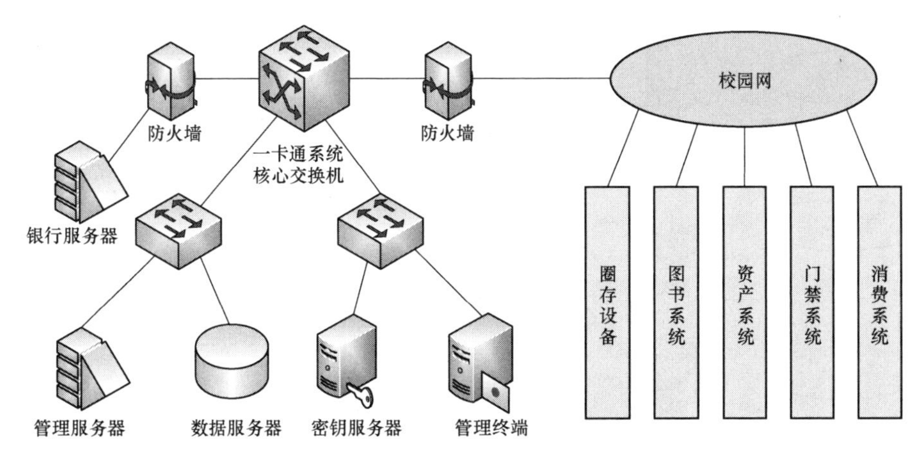

图 4-1　高校校园一卡通系统架构

第二节　校园财务网络

高校财务部门除了原有的财务内部网络，因管理的需要，还必须接入校园网、金融网、省级财政专网等，必须将财务内网融入上述各类网络中，实现多网的互联互通，提高财务工作效率。多校区并存是目前高等院校的突出特点。必须立足多网络多校区并存的特点，架构实用的财务网络，提高资金使用效率。

高校财务网络可以采用虚拟局域网（VLAN）或者虚拟专用网（VPN）技术单独为财务划分子网，将财务内网与校园网隔离，保证财务网的数据安全。财政网经上级部门许可，采用专线接入财务机房。金融网由合作银行在确保安全的情况下，也采用光纤专线接入财务机房。配备专用代理服务器，在内网和外网之间采用硬件防火墙，分别接入校园网、财政网、金融网等专用网络。内网各工作站均固定 IP 并绑定 MAC 地址，实名制接入财务网。财务网络拓扑如图 4-2 所示。

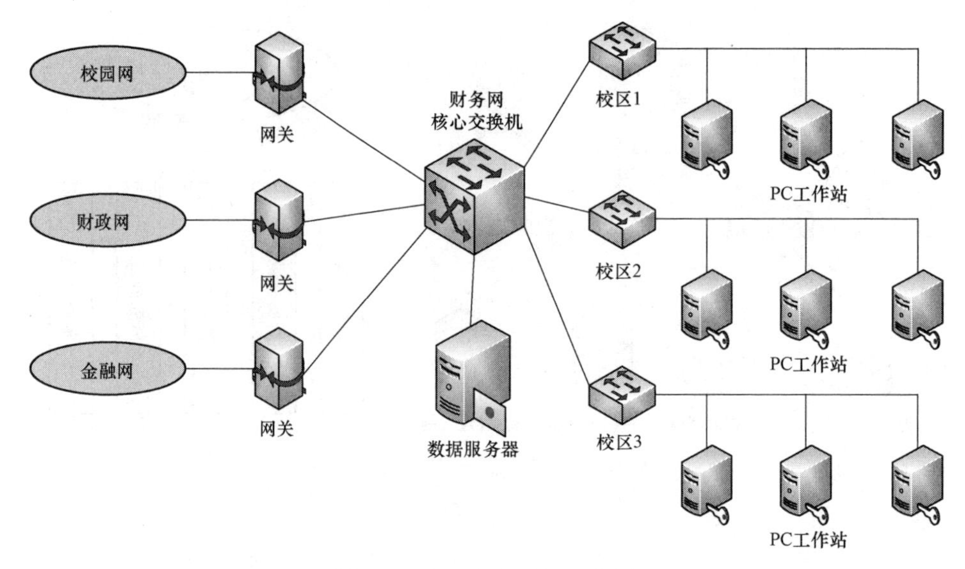

图 4-2 高校财务网络拓扑图

基于图 4-2 的财务网络构架形成后，为保障其稳定高效地运行，需要同时完成以下几项工作：① 完善网络安全措施，防范各类风险；② 加强财务机房的管理，建立安全的运行环境；③ 加强病毒防范措施，建立安全的系统环境；④ 强化财务数据备份，确保万无一失；⑤ 统一会计核算口径，合并集中财务数据；⑥ 合理设置岗位权限，严格执行内控制度；⑦ 加强制度建设和人员管理。

第三节 校园安防监控网络

高等院校的开放性使得社会闲杂人员容易伪装成学生和教职工进出校园，存在着安全和财物失盗的隐患；高等院校校园一般面积较大、场地分散，传统人力巡查难以满足校园安全管理的需要。为预防、震慑犯罪，减少财产损失，保障学生和教职工的人身安全，完善校园安全防控体系、提高校园整体防控能力，建设以人防、物防和技防于一体的治安防

控体系。

高校视频监控系统可以利用学校校园网和网络视频服务器设计 2 层结构的网络监控系统，在分控中心设置代理服务器，向远程用户提供转发服务。图 4-3 是常见的高校视频监控网络结构图。

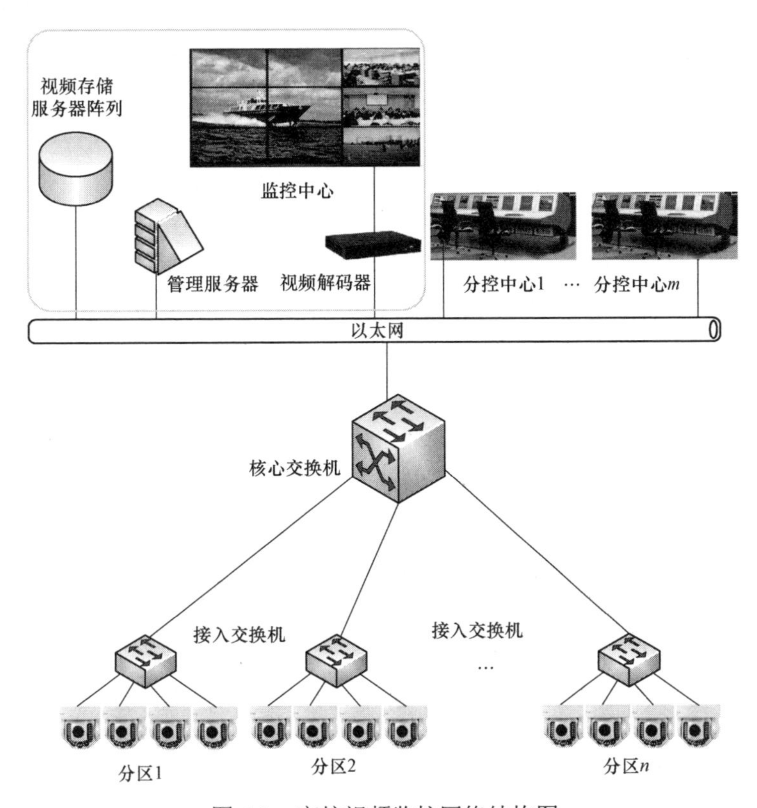

图 4-3　高校视频监控网络结构图

高校视频监控系统的网络架构简单，不需要特别的设计，采用 2 层网络架构即可。网络设备重点完成高清视频数据的传输，在网络设计方面，需要重点考虑的是高清视频对交换机的包转发率和吞吐量的要求。在资金允许的情况下，尽量选用传输性能较高的网络设备。

目前，高校视频监控系统应注重智能视频分析技术的利用，改变偏重事后取证的现状，注重预警作用的发挥。

第四节　标准化考场网络

标准化考场是“国家教育考试考务管理与服务平台”的重要组成部分，其利用数据通信技术、网络技术、数据库技术、视频技术、系统工程、管理技术等高科技手段来建设，包括考试网上巡查子系统、考试标准化用语发布系统、校园广播系统、时钟校准系统、考试应急指挥系统、考场内外信息阻断子系统等。

标准化考场网络通常采用三层星型架构。对于预实施标准化考场建设的教学楼，每个房间安装 1 台网络球机摄像机，所有前端摄像机通过千兆 24 口接入交换机，接入交换机之间以级联方式通信，视频信息汇聚到 1～2 楼的接入交换机，然后由 1～2 楼的接入交换机通过光纤传输至监控室内核心交换机，最后通过管理平台进行录像和存储；另外，可通过操作控制台进行画面分割显示，通过 2×2 显示大屏进行大画面的轮询。图 4-4 是典型的需要实施标准化考场建设的 1 栋 6 层教学楼的网络拓扑图。星型网络拓扑架构具有扩展灵活的优点，如果多栋教学楼需要建设标准化考场，可以通过增加核心交换机和接入交换机的方式实现标准化考场规模的扩展。

在图 4-4 中，1-2 层安装 2 台 24 口千兆交换机，左右各 1 台；3-4 层安装 2 台 24 口千兆交换机，左右各 1 台；5-6 层安装 2 台 24 口千兆交换机，左右各 1 台。同侧的 1-6 层的 3 台交换机之间做级联，然后分别通过室内多模光纤连接至监控机房的核心交换机，最后通过单模光纤上连至学校信息中心的核心交换机。

核心交换机性能要求：① 高性能。应该具有至少 2 个万兆接口，以适应网络应用高速发展，网络带宽不断增加的需要，也方便用户后续升级网络到万兆。② 灵活的安全策略。防范和控制病毒攻击，如预防 DoS 攻击、

端口 ARP 报文检查、ACL 策略等。③ 多业务支撑能力。支持 IPv4/IPv6 双栈协议多层交换，支持 IPv4、IPv6 组播功能等。④ 完善的 QoS 策略。支持 MAC 流、IP 流、应用流等分类和流控能力等。⑤ 高可靠性。支持生成树协议 802.1d、802.1w、802.1s，保证网络的稳定运行和链路的负载均衡。

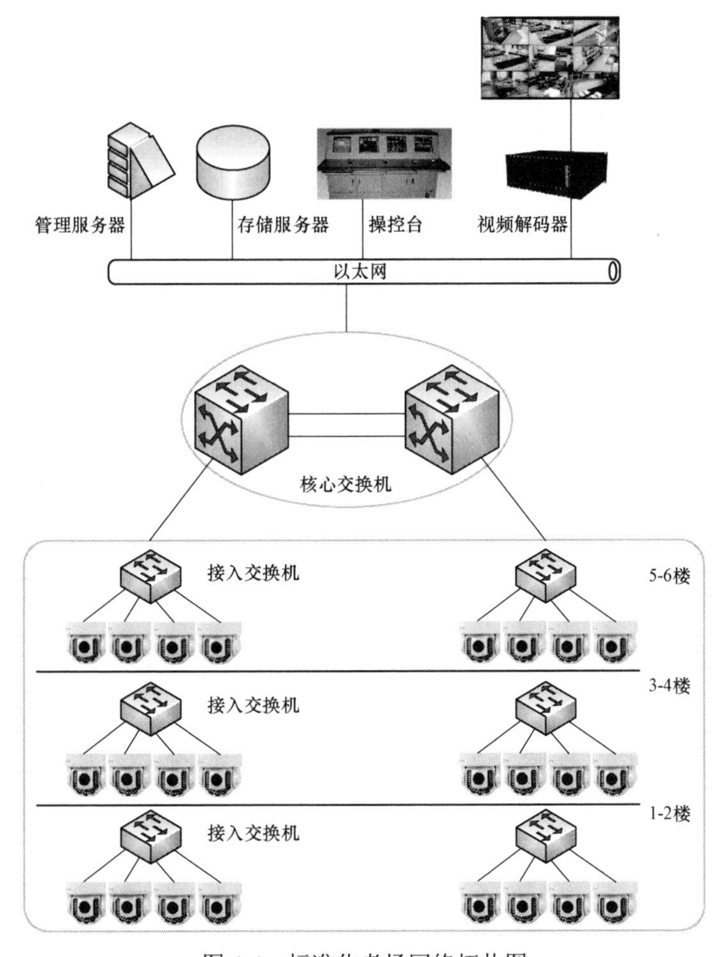

图 4-4　标准化考场网络拓扑图

接入交换机的性能要求：① 全方位的安全防御。接入交换机作为网络接入设备，保障基础网络安全稳定为第一要务，交换机提供全方位的主动防御技术，保障网络安全和稳定，包括防 ARP 病毒攻击、防非法 DHCP 服务器、主动防御网络中各类 DoS 攻击、防环路技术避免网络中出现环路导致的网络不稳定。② 灵活的接入控制。提供多种灵活的身份认证策略，能够满足各种不同用户和环境的需要。

第五节　5G 校园双域网络

国家将 5G 作为新基建，大力推动 5G 在校园场景的建设应用。工信部、教育部等部门在 2021 年 9 月联合发布《5G 应用扬帆的行动计划（2021—2023 年）》开展“5G+智慧教育”应用试点。严格来说，5G 校园双域网络不是校园中的一种功能网络，它是实现校园网与 5G 移动通信网络互通的机制。5G 校园双域网络的目的是实现教职工和学生未连接校园网的时候，通过 5G 移动通信网络访问校园资源，比如寒暑假，学生在家中选课或者访问在线教学资源；教职工出差在外，通过手机办理 OA 业务等。5G 校园双域网络的功能类似于 VPN（虚拟专用网），但是，使用起来更加便捷，用户访问公网资源与访问校园网资源无感知切换。注册完成后，在有效期内不需要重复登录。

为了确保网络安全，5G 校园双域网应该能够做到三维度管理。

（1）入核验

用户开通 5G 专网服务之前，学校对用户合法身份进行核验，并且分配访问权限，比如，用户是校内学生，没开通校园网或在校园网黑名单中，无法使用 5G 接入校园网；

（2）中管控

学校可以管理接入校园网的 5G 用户，用户身份状态变化实时同步权限变化，比如根据用户身份分配不同 IP 段，实现身份不同访问权限不同；定时更新鉴权状态，必要时自动取消用户的 5G 接入权限场景：用户校园

网欠费或辞职离校，系统会自动收回该用户 5G 访问校园网的权限；

（3）可追溯

用户随时随地可入网，学校可以追溯到 5G 用户，与学校认证系统进行对接，统一对上网行为进行采集和溯源管理真实身份。

一、关键建设内容

学校应独立部署 5G 策略系统，关键建设内容如图 4-5 所示，包括 5G 身份中台，向运营商提供学校人员认证信息；5G-AAA 服务器，负责 5G 认证信息的验证和授权；5G 专网注册应用程序，5G 业务开通平台。认证计费系统采用现网认证系统；5G 流量智能调度单元可由运营商提供，建议学校自行采购，管理权限须在学校。其他内容由运营商提供。

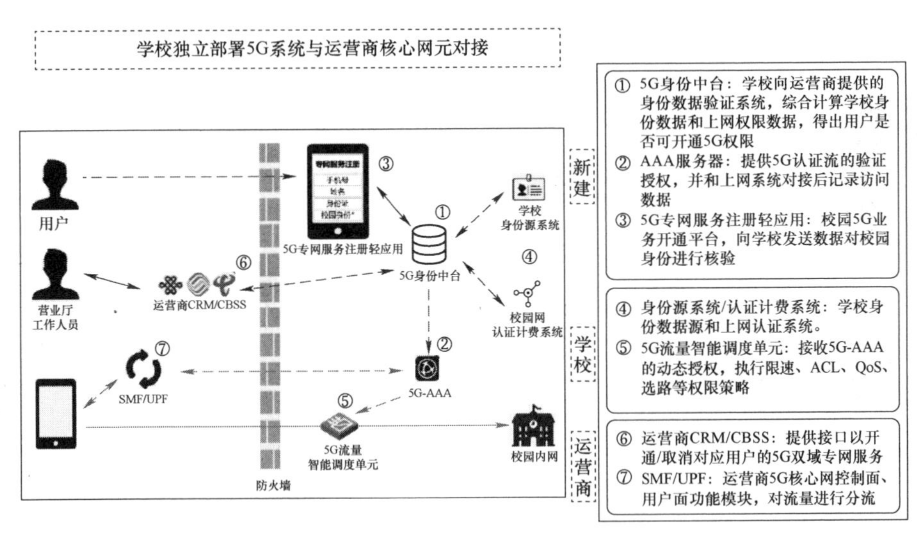

图 4-5　关键建设内容

二、工作业务流程

图 4-6 是用户签约流程和日常认证流程。

工作业务流程

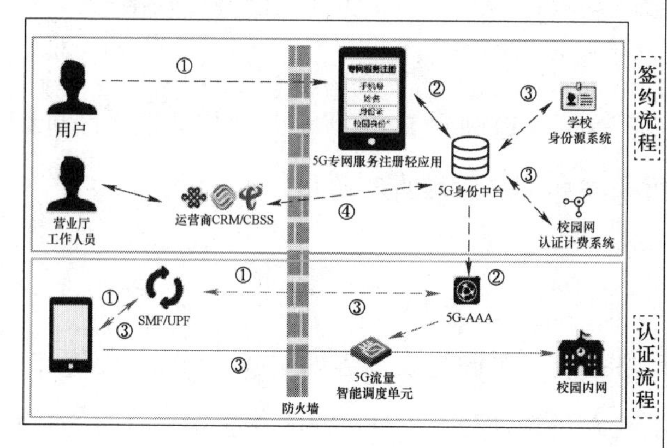

① 用户开通：用户5G套餐开通同意协议，并填写校园身份申请核验
② 验证校园合法身份：通过5G身份中台来完成校园合法身份核验
③ 获取校园身份/校园网状态：5G身份中台对接学校原有身份源系统和认证计费系统，获取申请5G专网用户的校园身份状态及校园网状态
④ 下发核验结果：5G身份中台进行核验，通过后下发用户身份到5G-AAA，同时将核验结果返回运营商

① 用户5G联网：用户5G联网，触发运营商SMF鉴权，运营商根据签约信息触发学校侧5G-AAA二次鉴权
② 二次鉴权：5G-AAA进行二次认证鉴权，返回核验结果到SMF/UPF，并对接上网系统记录访问数据
③ 下发IP：鉴权通过后，SMF/UPF从事先双方商定的地址池中下发P到用户终端，并通过记账报文返回地址分配结果，5G-AAA根据IP控制用户访问权限

图 4-6　工作业务流程

三、整体逻辑关系

图 4-7 是 5G 校园双域网络整体逻辑关系。

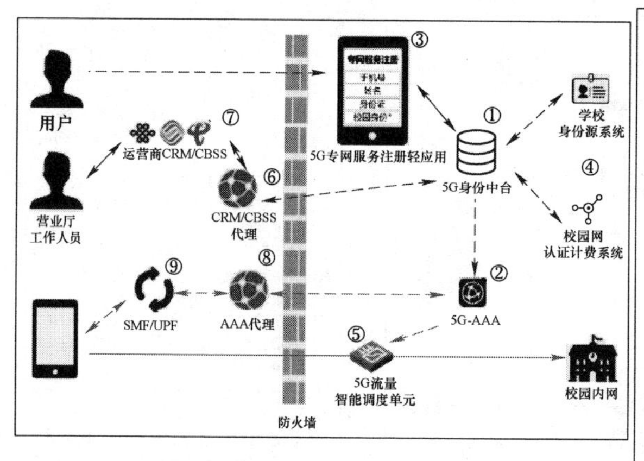

① 5G身份中台：负责签约环节用户合法性核验并同步至运营商、感知学校内用户身份、校园网状态变化并下发对应权限
② AAA服务器：负责5G用户访问校内时二次认证鉴权、与运营商对接获取访问记录保证可溯源
③ 5G专网服务注册轻应用：负责向用户提供签约入口、向5G身份中台传递用户信息
④ 身份源系统/认证计费系统：通过接口提供信息供5G身份中台核验用户合法性。
⑤ 5G流量智能调度单元：负责执行ACL、QoS、限速等策略，可利旧。
⑥ CRM/CBSS代理：负责提供接口与5G身份中台同步用户5G专网权限信息，并与运营商CRM/CBSS打通，可由运营商或学校提供。
⑦ 运营商CRM/CBSS：负责提供与接收用户5G专网权限信息
⑧ AAA代理：负责保护SMF/UPF，且令SMF/UPF无需频繁调整
⑨ SMF/UPF：负责与5G-AAA对接实现二次鉴权与保证可溯源

图 4-7　整体逻辑关系

第六节　物联网

校园中还有另外一种网络，称为物联网。这里简要介绍物联网是什么，

以及物联网与校园网的关系。物联网是实现物物相连的网络，可以独立组网，通过传感器实现校园基础设施的智能化管理，比如智能门锁、智能窗帘、智能灯光、智能电控、智能水控、智能安防、智能消防、智能感应、智慧校车等。由于校园物联网的被使用对象和服务对象都是师生，为了使物联网充分融入校园生活，需要把物联网与校园信息系统连通，实现数据互动。通常把物联网作为校园网的延伸，通过物联网网关实现校园网与物联网的融合。物联网依托校园网实现整个校园的一体化物联，借助人员信息数据、教务数据、一卡通数据等更好地服务教育教学，校园网借助物联网实现校园设施的智能化管控。以上就是笔者对于物联网与校园网之间关系的理解，更详细介绍见本书第二章第二节。

第五章　校园光通信网络

前面章节从校园网的逻辑结构、功能设计、管理服务等方面阐述了校园网的组成，本节介绍校园光通信网络。

第一节　校园网的通信介质

一、校园骨干网络

从校园网出口设备到各个区域核心交换机之间的校园网络通常称为校园骨干网络。校园网出口设备包括 NAT 网关、防火墙、负载均衡设备等，这些设备向外连接的对象通常是通信运营商（ISP）的线路，比如联通、移动、电信、教育网等，通信距离较远，所以采用单模光纤，硬质光缆（图 5-1）接入校园核心机房的光纤配线架（图 5-2），通过单模光纤（图 5-3）连接到出口设备上。校园网出口设备向内通信连接的对象是校园网核心路由器、校园网核心交换机，包括校园网出口设备之间互联，通信距离近，所以采用多模光纤（图 5-3）。

校园网出口设备向内通信，通常依次经过校园核心路由器、认证设备、校园核心交换机等，然后，经过单模光纤（图 5-3）连接校园各个区域核心

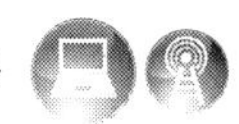

交换机，由于通信距离远，需要用到硬质光缆（图 5-1），同时在各区域核心交换机之前也需要光纤配线架（图 5-2），确保物理连接安全。用单模光纤（图 5-3）连接光纤配线架和网络设备，连接示意如图 5-4 所示。

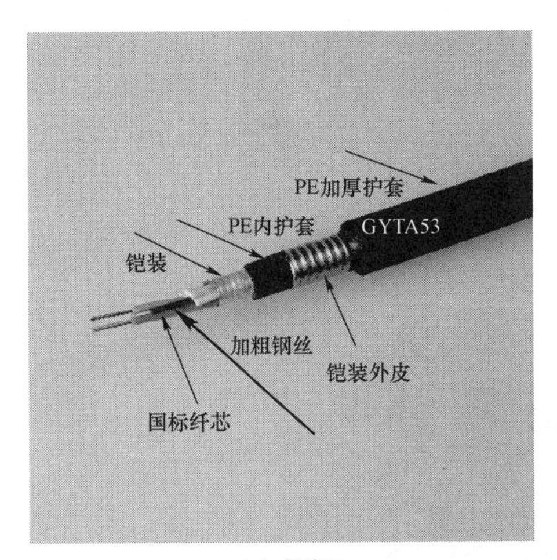

(a) 保护层

光纤
光纤膏
松套管
阻水膏
PE内护套
轧纹钢带
PE外护套
非金属加强芯

(b) 横截面

(c) 整桶光缆

图 5-1　硬质光缆

二、校园接入网络

从校园骨干网络到用户电脑（智能终端）之间的校园网，通常称为校园接入网络。各个区域核心交换机负责本区域的数据通信，包括通信网关、路由策略等。用户电脑（智能终端）上网第一步工作就是找网关，如果通

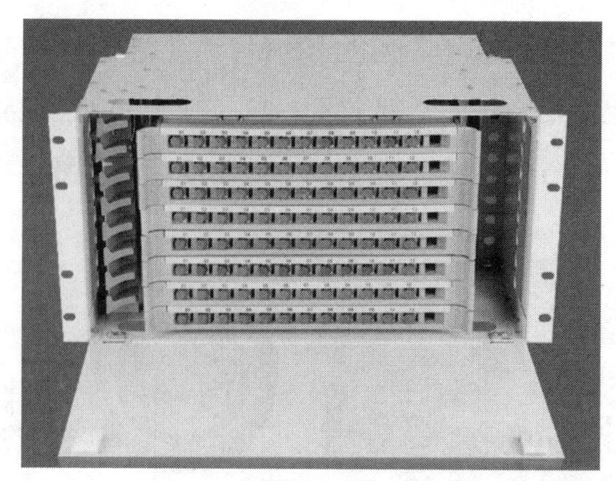

(a) 光纤配线架

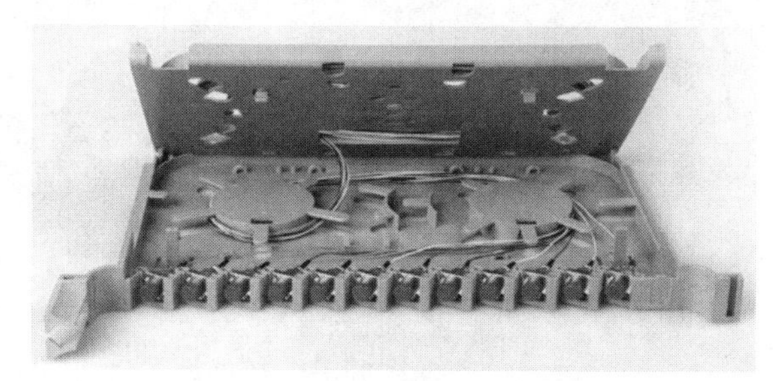

(b) 光纤配线盒

图 5-2　光纤配线架

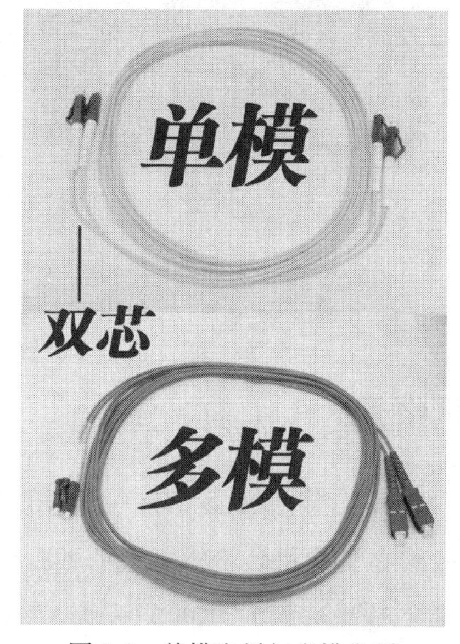

图 5-3　单模光纤与多模光纤

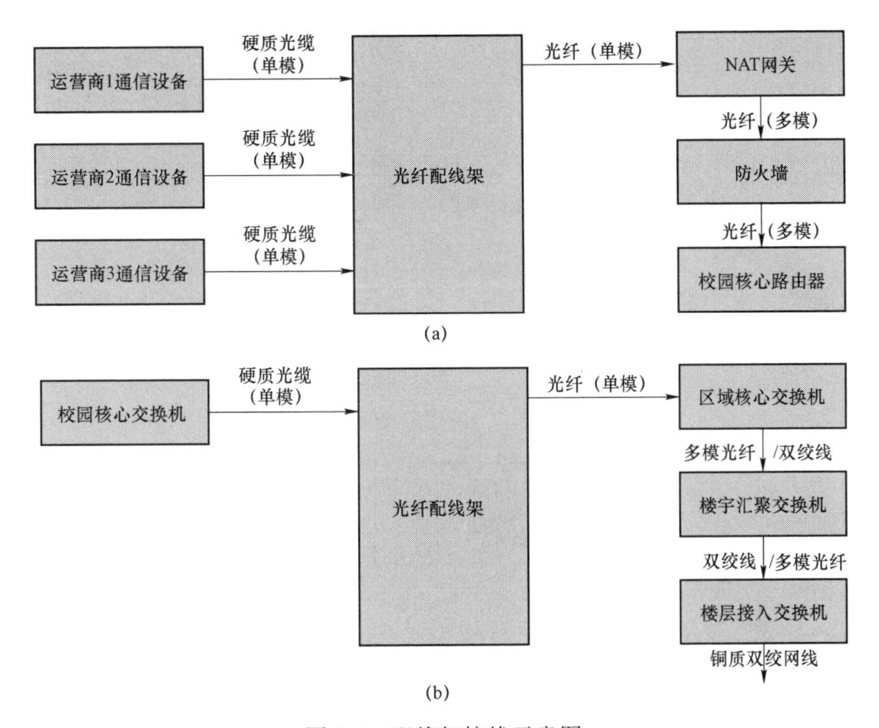

图 5-4 配线架接线示意图

信对象在本区域内，则本地转发数据包，如果通信对象不在本区域，则路由转发数据包。区域核心交换机向上通信，上一节已经介绍过，通过单模光缆连接校园核心交换机，向下通信，连接楼宇汇聚交换机和楼层接入交换机。区域核心交换机与楼宇汇聚交换机之间的连接介质可以是多模光缆，也可以是铜质双绞线（图 5-5）。楼宇汇聚交换机与楼层接入交换机之间的连接介质通常是铜质双绞线。如果汇聚交换机是全光口设备，也需要采用多模光缆连接接入交换机。接入交换机到用户电脑之间通常是铜质双绞线。区域核心交换机、楼宇汇聚交换机、楼层接入交换机都安装在弱电间。为了实现校园无线网覆盖，通常在宿舍（办公室、实验室）安装无线 AP，无线 AP 和接入交换机之间连接介质是铜质双绞线。用户智能终端可以通过无线电磁波连接到无线 AP 上接入校园网。校园接入网络连接示意如图 5-6 所示。

图 5-5　铜质双绞网线

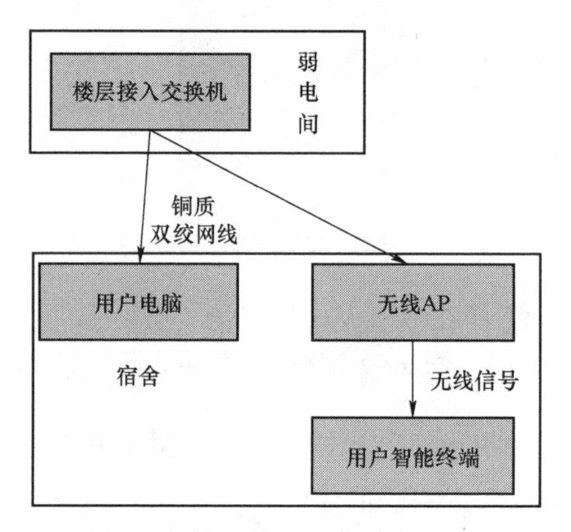

图 5-6　校园接入网络连接示意

第二节　校园光缆网络

铜质双绞线的有效通信距离不超过 100 m，一般用来连接接入交换机和用户电脑。校园内远距离通信（100 m 以上）需要采用光缆，500 m 以内多模光缆能够满足要求，500 m 以上大多采用单模光缆。校园内各楼宇之间通信要采用光缆连接。基于校园美观要求，以及路面破土、穿墙、楼板打洞等施工限制，园区在规划阶段必须设计好校园光缆网络，包括弱电管沟、

弱电通信井、弱电横竖桥架、弱电间等，空间规划要充足。根据实际经验，后期使用过程中，埋入地下的光缆极少抽出为新光缆腾空间的，如果光缆中断，需要增加光缆布放，造成弱电管井空间越来越少。弱电井相当于光缆网络的交通枢纽，应该尽可能多，最好能够保证每栋建筑有两个以上不同方面的弱电管井，1 主 1 备，提高园区网络的可靠性。

第三节 光网络在高校

光网络是指以光波作为通信信号的网络。光纤网络（Optical Network）是指使用光学技术作为媒介传输数字信号（包括数据、视音频等）的网络系统。光纤网络也称激光网络，是用光、光学或者光学电学元件组成的网络。光网络的特点是数据传输和交换均在光域内完成，中间没有电信号的介入，具有抗干扰、长距离、低成本、低功耗、易扩展、易维护等优点。

“光进铜退”是用光纤代替铜缆的工程，即“光纤逐步向用户端延伸，最终实现光纤到户或光纤到桌面；铜缆逐步向用户端退缩，并最终退网。”光网络已经在家庭宽带领域取得了成功。高校适不适合采用光网络需要结合应用场景具体分析。下面介绍河南科技大学在光网络方面的探索。

一、为什么采用光网络

河南科技大学建设光网络主要是基于三点考虑：贯彻新发展理念，尝试新的网络技术，了解 PON（Passive Optical Network，无源光网络）性能和运维特点。据统计，全世界 50%的铜矿开采用于制造线缆，光进铜退的介质革命是 IT 领域落实节能减排，助力碳中和的重要举措，高校理应为绿色可持续发展作出贡献。作为高校网络建设的实践者和研究者，要有大胆探索的精神，不断去尝试新的网络方案，紧跟网络技术发展步伐，才能不断教职工和学生的上网体验。百兆/千兆的网络带宽采用铜质双绞网线，万兆以上带宽均采用光纤传输，光纤传输的带宽远高于铜线。光复用技术使得其传输速率更好。此外，PON 网络历经几十年的发展，技术不断升级，架构逐渐成熟，PON 在家庭宽带领域的成功，吸引着我们去了解 PON 的性能和运维特点。一种技术方案只有真正实践以后，才知道是否适合其应用场景。

目前，大家所说的光网络，往往是指采用 EPON、GPON、10G EPON、10G GPON 等 PON 技术的通信网络。

① EPON（Ethernet Passive Optical Network，以太网无源光网络）是一种采用点到多点网络结构、无源光纤传输方式、基于高速以太网平台和 TDMA（时分复用）时分 MAC 媒体访问控制方式的宽带接入技术。通信标准是 IEEE 802.3ah。EPON 的数据链路层使用以太网协议。EPON 系统采用波分复用（WDM）技术（下行 1 490 nm，上行 1 310 nm），实现单纤双向传输。WDM 是将多种不同波长的光信号通过合波器汇合在一起，并耦合到同一根光纤中，以此进行数据传输的技术。为了分离同一根光纤上多个用户的来去方向的信号，EPON 下行数据流采用广播技术，上行数据流采用时分多址（TDMA）技术。

下行数据传输：如图 5-7 所示，OLT 将下行数据以广播方式发送给各个 ONU，各 ONU 根据下行数据的 LLID 接收属于自己的数据，丢弃其他用户的数据。

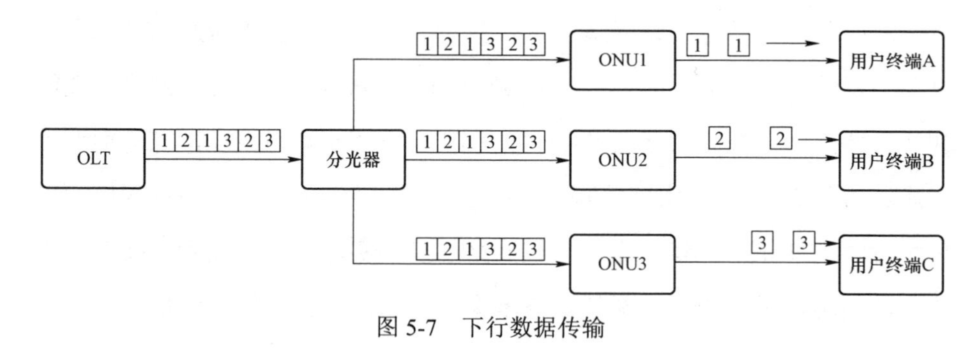

图 5-7　下行数据传输

 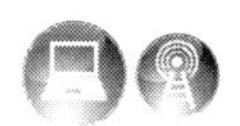

上行数据传输：如图 5-8 所示，各 ONU 把从用户侧收到的数据帧缓存起来，等待 OLT 为自身分配的发送时隙到来时，以全线速发送所有缓存的数据帧。

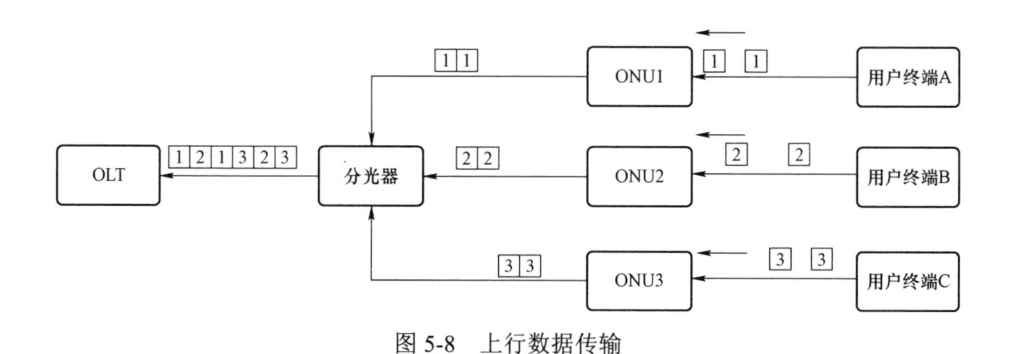

图 5-8　上行数据传输

EPON 数据传递过程：每个 ONU 在 OLT 注册成功后会得到一个唯一的逻辑链接标识（LLID）。ONU 在每个分组开始之前添加一个 LLID，替代以太网前导符的最后两个字节。OLT 接收数据时比较 LLID 注册列表，区分不同的 ONU 数据。ONU 接收数据时，仅接收符合自己的 LLID 的帧或者广播帧。

② GPON（Gigabit-CapablePON 千兆比无源光网络）技术是基于 ITU-TG.984.x（国际电联 TG.984.x）标准的宽带无源光综合接入标准。GPON 下行数据广播式发送，GPON 上行数据采用 TDMA 方式。GPON 的数据传递过程：上行数据的传输都由 OLT 统一控制。ONU 按照 OLT 所分配的时隙传输用户数据，避免 ONU 所产生的数据发送冲突。ONU 根据时隙分配帧在属于自己的时隙中插入上行数据，实现了多个 ONU 之间共享上行信道带宽。

EPON 标准是以 802.3 体系结构为基础，协议分层更简单。EPON 提供上下行 1.25 Gb/s 带宽，实际带宽 1G，光分路比（一个 OLT 端口带多少个 ONU）是 1:32。GPON 支持多种速率等级，支持上下行不对称速率，下行

2.488 Gb/s 或 1.244 Gb/s，上行 1.244 Gb/s 或 622 Mb/s GPON 支持 128 的分路比和 20 km 的传输距离。

③ 10G EPON 与 10G GPON。

10G EPON（802.3av 的 10-Gbit/s 以太网版本）：实际速率是 10.312 5 Gbit/s，分对称（10 Gb/s 的上下行速率）与不对称（10 Gb/s 下行和 1Gb/s 上行）两种类型，分光比 1:128。

10G GPON（XG-PON）：带宽上下行非对称（上行 2.5 Gb/s，下行 10 Gb/s），分光比 1:128，在相同分光比的情况下，10G GPON 最大传输距离可达到 40 km。

10 Gbit/s 的 EPON 在光纤上使用不同的光波长（下行 575～1 580 nm，上行 1 260～1 280 nm），因此 10 Gbit/s 的 EPON 与标准的 1 Gbit/s EPON 可以在同一条光纤上进行波长复用。这样的好处是 10GEPON 的分光器上可以接 EPON 的 ONU。10G GPON 的波长规划与 GPON 的波长规划不重叠，故 GPON 与 10G GPON 通过波分复用方式共享信道资源。

根据前面章节内容的介绍，大家知道网络信号远距离传输目前用的已经是光纤，因为，当传输距离超过 150 m，铜质双绞线的通信质量就急剧下降，必须采用光信号来传输数据。也就是说，网络信号的远距离传输已经光纤化了。

“光进铜退”技术上只是指 FTTx（Fiber To The x）的“x”。x 代表光纤的不同延伸地点，就是发生光电转换的地方，也是 ONU 的安装位置。从 ONU 到用户电脑端采用铜质双绞线连接。ONU 上行和下行采用不同的频率，当 ONU 发送上行数据时，先把电信号转成光信号，分光器把各个 ONU 发过来的上行数据汇总后，以时分多址（TDMA）方式发送到 OLT，发送时间和时长有 OLT 集中控制。当 ONU 向用户电脑发送下行数据时，把光信号转成电信号。光进铜退就是希望 ONU 安装的地方尽量向用户端延伸。FTTZ（Z 表示 Zone）表示光纤到小区，FTTB（B 表示 Building）表示光纤

到大楼，FTTF（F 表示 Floor）表示光纤到楼层，FTTH（H 表示 Home）表示光纤到家中，FTTO（O 表示 Office）表示光纤到办公室，FTTD（D 表示 Desk）表示光纤到桌面。

二、校园 PON 网络实践

这里介绍河南科技大学对于 PON 的实践。河南科技大学结合实际需求，对于光网络进行了三个场景的使用尝试。

1. 宿舍购电 GPON

2016 年之前，河南科技大学西苑校区学生宿舍没有建设校园网络。学生购电需要到公寓管理公司办公室买卡充值，然后回到宿舍刷卡用电，极为不便。为了方便学生购电，需要在学生宿舍建设校园有线网络，十几栋宿舍楼需要几百万的网络建设费，当时没有这一项预算。经过与公寓管理公司沟通，解决学生取电充值需求的最简方案是在每个管理员室接通一卡通网络，放置一台一卡通充值终端。即需求改为在南北两个校区的 12 栋宿舍楼的每一栋楼接通一处校园网，距离远，范围大，信息点少而分散。

根据 PON 网络特点，制定的技术方案是在西苑校区核心机房安装一台 PON 光线路终端（OLT）设备（图 5-9），下挂在西苑校区核心交换机之下，通过标准多模光模块互联。OLT 包含多个光接口，可接千兆和万兆光模块，与传统交换机光模块不同的是，OLT 的光模块只需要一根光纤，一根光纤经过分光器（1 分 4、1 分 8）后变为 4 根或者 8 根光纤，即 1 路信号变成了 4 路或者 8 路信号，理论上可以一直分下去，但是根据实际带宽需求，一根出自千兆光模块的光纤，一级采用 1 分 4，二级采用 1 分 8 较为合适，末端放置一台光网络终端（ONU）（图 5-10），ONU 包含千兆/百兆有线网口若干以及无线网络接口。ONU 下接校园一卡通充值终端。整体连接关系示意如图 5-11 所示。

图 5-9　OLT 设备

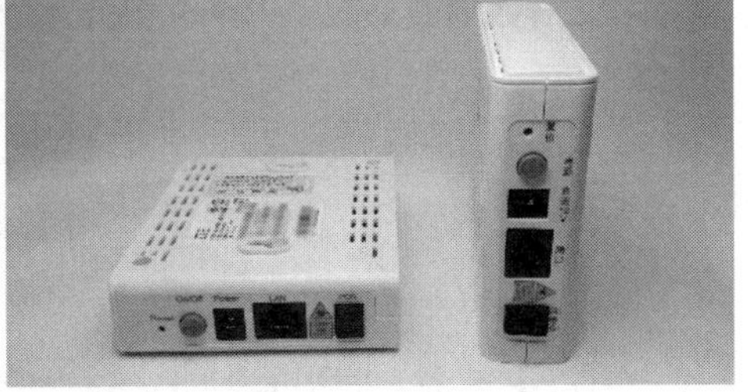

图 5-10　ONU 设备

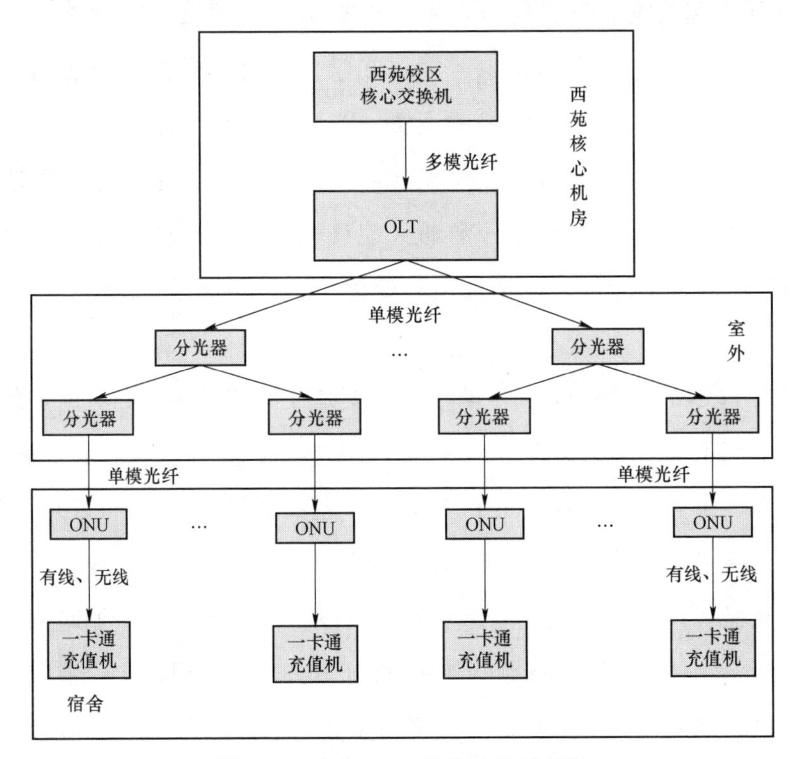

图 5-11　宿舍 PON 网络连接示意图

项目施工简单，设备配置容易。需要配置的设备是 OLT 和 ONU，全在图形化界面中完成，主要配置工作是 OLT 划分 vlan，配置端口和服务，添

加 ONU 等，修改 ONU 的默认属性并添加到 OLT 的管理清单里面，方便识别这是哪一栋楼的设备。该项目施工的主要工作量是光缆布线、尾纤熔接，单模光纤放至宿舍房间以后，需要逐根熔接连接头。连接头接到 ONU 上以后，就可以像家庭宽带一样使用校园网络了。项目整体费用是 12 栋宿舍楼建设校园有线网预算的几十分之一，满足了学生取电充值需求，同时，也保留了足够的扩展空间，因为项目铺往宿舍的主光缆是 24 芯的，本项目只用了 2 芯（1 主 1 备），还有 22 芯光缆可供后期使用，后期如果需要扩容或者升级网络性能，只需要增加或者更换光缆两端的光模块、OLT 或者 ONU 即可。在本方案技术层面，PON 位于通信协议的一层和二层，网络管理仍然是基于传统的以太网协议，网络管理人员不需要熟悉新的网络管理技术，此外，有一套管理软件专门管理 OLT 和 ONU，管理人员可以随时查看 OLT 所有端口的下联接口情况，管理信息非常详细，包括某个 OLT 接口下面每台 ONU 的工作状态、流量情况、接口连接情况，还可以远程启停设备。遇到用户反馈网络问题，可以在图像化界面迅速查看是因为光纤问题、设备断电，还是网络延时大等原因，管理起来非常方便。

2. 家属区 GPON

2022 年，我校某家属区网络线缆入地改造工程启动，按有关部门要求，本次改造与移动、联通、电信、广电等运营商同步进行，需要把目前架空的线缆（光缆和双绞线）全部入地。由于地下管沟空间所限，已不支持传统铜质双绞线入户的技术方案。鉴于宿舍区一卡通网络的使用经验，我们制定的技术方案是依托现有 OLT 设备，增加通信板卡，采用全光网方案，光纤入户，在用户家中安装光猫（ONU）。该方案在技术层面与现有网络结构保持一致，相当于对原宿舍区一卡通网络的扩容。OLT 设备现有一块通信板卡包含 8 个千兆接口，根据用户数量，新增 5 块 OLT 通信板卡，每块通信板卡包含 8 个千兆接口。

该家属区大约 900 户，120 个门洞，区域较大，将整个家属区划分为四个服务区，每个区域安装一个光交柜（图 5-12），光交柜就是安装了光纤配线架的柜子，通过硬质光缆把光信号从位于西苑核心机房的 OLT 分别接到 4 个光交柜里面。在光交柜里面通过 1 分 4 分光器（图 5-13）分光，通过硬质光缆把光信号传递到每一个楼门洞，在楼门洞安装光交盒（图 5-14），再通过 1 分 8 分光器，从门洞光交盒到用户家中采用皮线光缆（图 5-15）传输光信号，确保每一户有一主一备两根光纤入户提供校园网服务。每户家庭安装 1 个光猫（ONU）。家属区网络连接关系示意如图 5-16 所示。对用户来说，与使用运营商宽带的方法是相同的。光猫包含 1 个千兆网口，3 个百兆网口，自带无线路由器功能。对于网管人员来说，家属区的网络管理更加清晰了。

图 5-12　光交柜

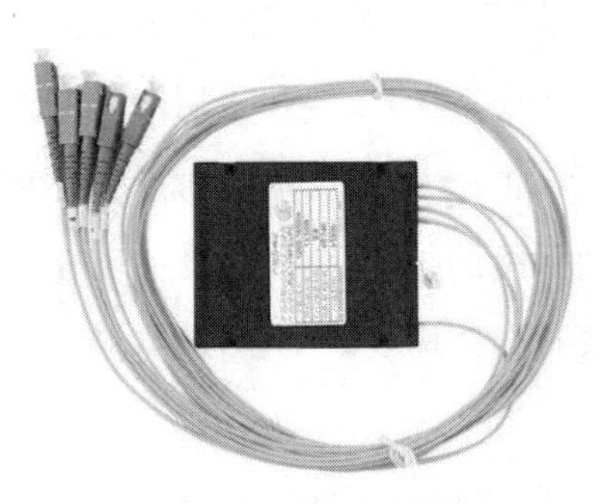

(a) 1 分 4 分光器

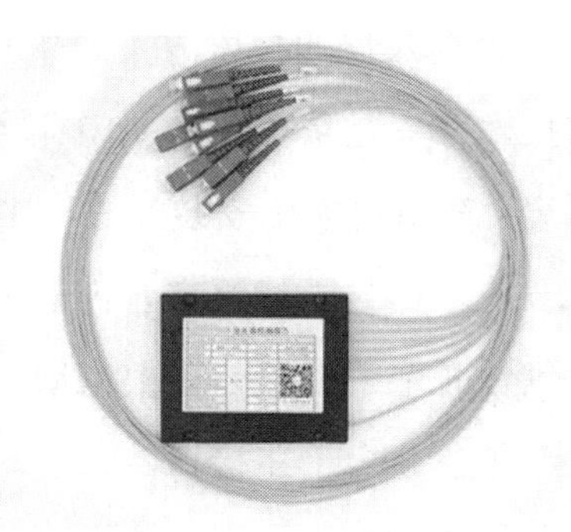

(b) 1 分 8 分光器

图 5-13　分光器

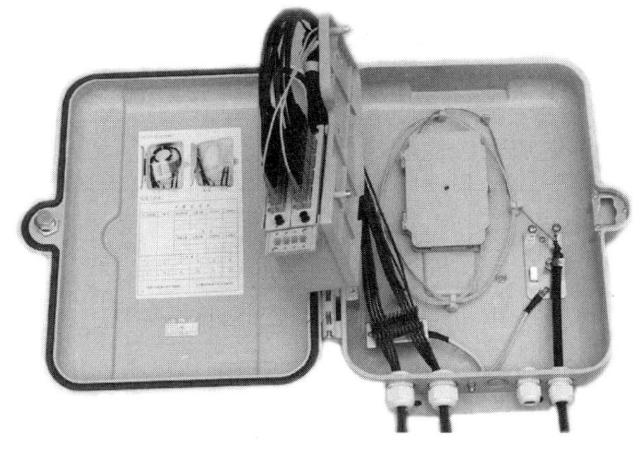

图 5-14　光交盒

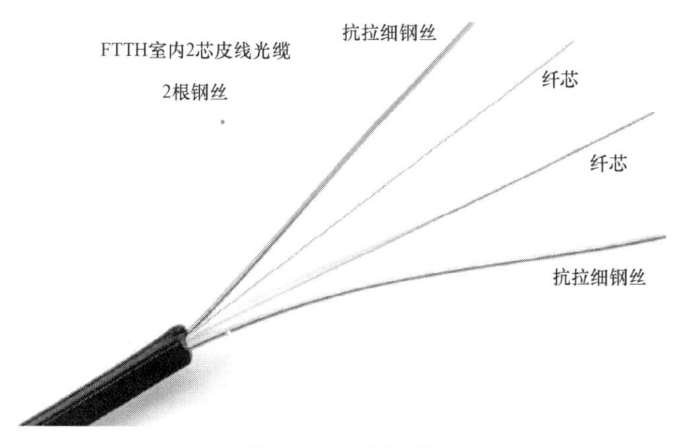

图 5-15　皮线光缆

由于有之前的 PON 网络经验积累，本次实施更加顺利。项目的主要工作量仍然是家属区光缆铺设和光纤熔接，OLT 设备配置只需要多增加用户 vlan，把新增加的通信端口添加到 vlan 中，配置端口服务，添加 ONU 到 OLT 管理平台，参照之前的配置步骤按图索骥即可。家属区的光纤铺设、光交箱安装、光交盒安装等均不需要入户，按常规施工方式，注意尽量减少施工对用户出行和休息的影响，完成较为顺利。本次家属区改造耗时较多的是入户熔接光纤连接头，需要用户在家方可进行。每一家的情况和要求略有差异，面对教职工又无法仅仅标准化地把光猫安装在客厅，用户室内走线有时候也需要帮忙完成，面对不熟悉网络的用户，还需要帮助他们调试网络电视等，施工计划随时会被打乱。入户熔纤环节占用了较多时间。

家属区网络改造完成后，用户体验明显提升，基于图形化的网络管理，使得日常运维工作更加轻松便捷。

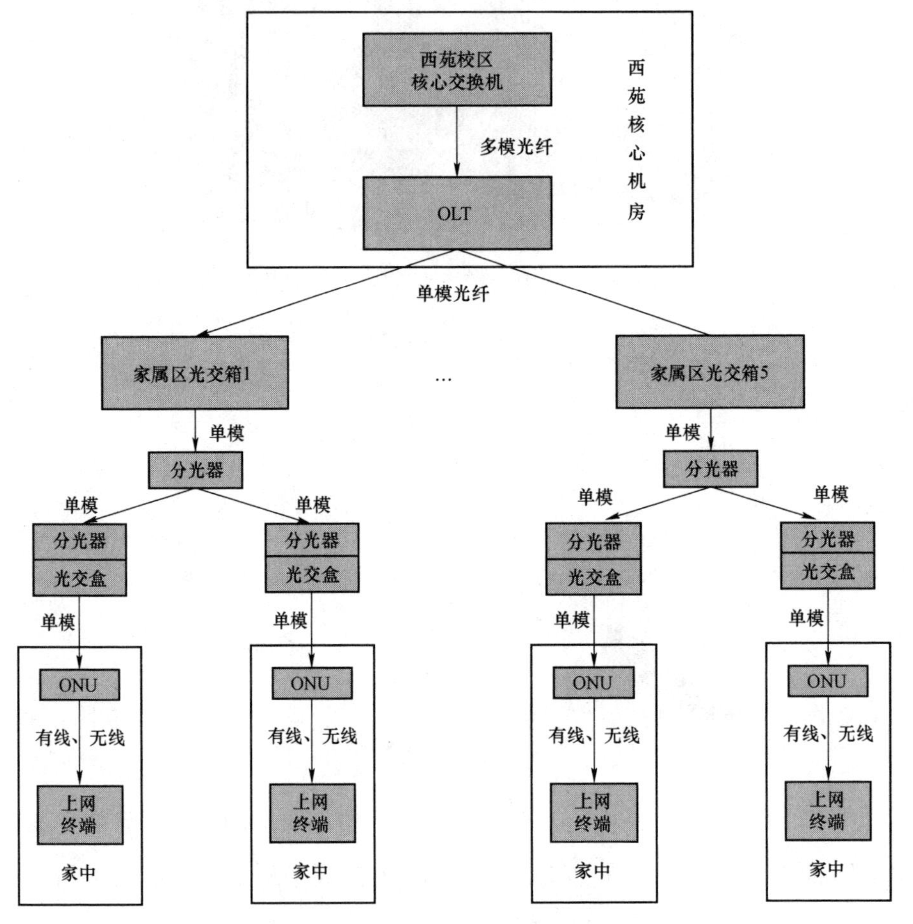

图 5-16 家属区网络连接关系

该家属区校园网建成至今已接近 20 年，期间虽然多次更换网络设备，但是，通信用的铜质双绞线无法更换，汇聚交换机和接入交换机安装空间有限，无空调，散热困难，夏天尤其明显，总担心发生火灾，架空线缆易遭雷击，私接乱扯导致的线缆混乱，无标签标识、线缆老化、水晶头生锈松动、网络瓶颈等问题始终困扰着网管人员。经过本次改造，西苑机房的核心

交换机到用户光猫之间为光网络，没有电信号，不仅降低了能耗，而且避免了网络设备发热引发的消防隐患，以往担忧的问题都得到了彻底解决，用户故障率显著下降，网速得到极大提升。之前经常出现的，由于用户私接路由器导致的广播风波、非法 DHCP、环路等问题也得到了解决，因为 OLT 对不同的 ONU 单独采用不同密钥，增强了光纤线路的安全性。

3. 学生宿舍 10G PON

2022 年，西苑校区学生宿舍校园网建设项目启动。学校通过招商方式引进第三方运营商建设有线无线一体化网络，实现西苑校区校园无线网全覆盖。基于对 PON 的使用经验，学校同意运营商采用基于 PON 的技术方案。学生宿舍人员密集，学生存在同时上下线的情况，对网络吞吐量有较高要求，另外，学生宿舍区与家属区的相比要重点注意的问题是 ONU 供电问题，不管是之前的宿舍取电系统 PON 还是家属区改造 PON，ONU 均放在有人管理的地方，可以就地取电。学生宿舍应该尽量避免在学生宿舍取电。学生宿舍的电费是学生自己交的，第三方运营商用学生的电将来可能引起一些纠纷。综合考虑，选用了华为的 10G PON FTTR 组网方案。

在西苑校区核心机房新增一台华为 OLT MA5800-15，OLT 上联校园无线网核心，OLT 上行带宽 10G。OLT 包含 5 块通信板卡，每块板卡包含 16 个万兆光口，每个接口带宽都是 10G。OLT 下接华为 OptiXstar B866，与华为 OptiXstar B671 配合实现企业 FTTR 千兆 Wi-Fi 覆盖。在此方案中，华为 OptiXstar B866 与华为 OptiXstar B671 承担了 ONU 的角色。华为 OptiXstar B866 是华为 FTTR-B 全光小微企业解决方案的主 FTTR 设备（Pro 款），支持 XG-PON/10G-EPON 技术，实现企业全光千兆接入；最大支持 1 托 32 从 FTTR 设备，全程光电复合缆为从 FTTR 设备供电。华为 OptiXstar B671 是 FTTR-B 全光小微企业解决方案的从 FTTR 设备（吸顶式），支持 Wi-Fi 6，160 MHz 频宽，空口速率达 3 Gb/s，实测最大速率可达 1.2 Gb/s，光电复合缆为从网关远端供电，免本地取电。该方案解决了宿舍内 ONU 供电问题。学生宿舍 10G PON 方案如图 5-17 所示。

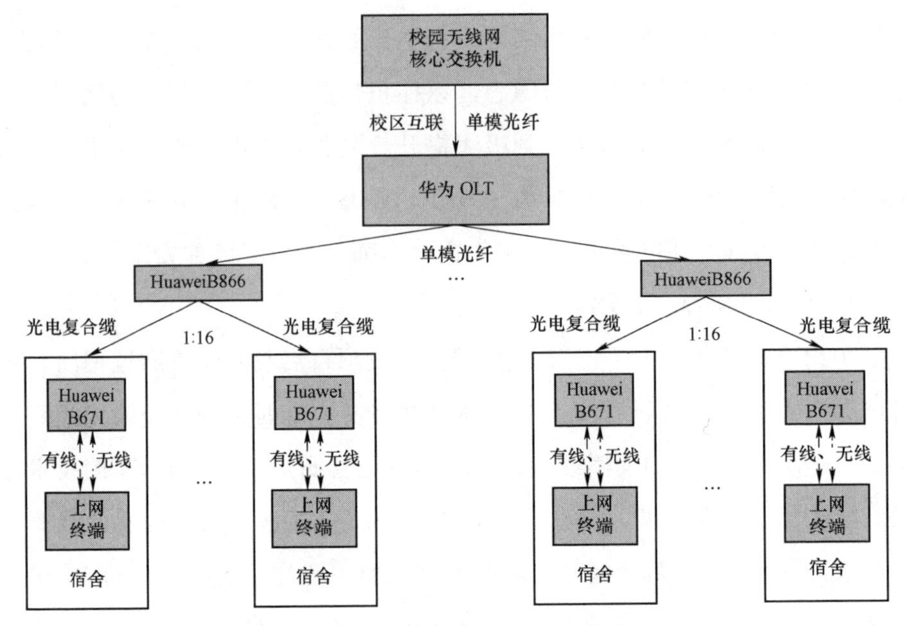

图 5-17　学生宿舍 10G PON 方案

技术方案论证阶段，基于华为 OptiXstar B866 的承载能力（官网：300 个用户终端稳定不掉线，可管理 32 台 B671），为了增加信号覆盖效果，采用一台 B866 带 32 台 B671，一个宿舍一台 B671 的安装方案。项目完成后，出现了高峰期个别学生连不上网的情况。经过分析，认为可能是学生每人持有 1～3 个终端，按 2 个计算，每个学生宿舍住 6 个人，意味着一个 B671 平均承接 12 个用户终端，那么一台 B866 可能要承接 384 个用户终端，超出了设备的额定负载。实际数据是 B671 承载终端不均衡，个别 B671 接了 30 个用户终端，有些 B671 无用户终端连接。

经过几个月的试运行，结合实际运行数据和用户反馈，第三方运营商拟增加一倍 B866 的数量，使得 B866 的负载从 1 托 32，变成 1 托 16，支持一个 6 人宿舍每人 3 个终端在线。同时，优化 B671 的承载量，使得各个 B671 的用户终端承载量基本均衡。

4. EPON OLT 的配置步骤

EPON 典型网络模型包括三部分：① OLT（Optical Line Terminal，光

线路终端）：EPON 系统的核心设备，一般放置在中心机房，用于统一管理 ONU，并将接入业务汇聚和传递到 IP 网。② ONU（Optical Network Unit，光网络单元）：EPON 系统的用户端设备，用于连接用户 PC、机顶盒、交换机等，通常放置在用户家中、楼道或道路两侧，负责响应 OLT 发出的管理命令，并将用户数据转发到 OLT。③ ODN（Optical Distribution Network，光分配网络）：由光纤和一到多个 POS（Passive Optical Splitter，无源光纤分支器）等无源光器件组成，在 OLT 和 ONU 间提供光信号传输通道。其中，POS 用于将上行数据汇聚到一根光纤上，并将下行数据分发到各个 ONU。各个厂家 EPON 系统的配置步骤大体类似，这里以新华三 EPON 系统配置为例介绍。

新华三 EPON 系统的配置过程包括 ONU 注册、扩展 OAM 连接、带宽分配等。

（1）ONU 注册

ONU 的注册过程使用 MPCP（Multipoint Control Protocol，多点控制协议）消息，包括：① 授权（GATE）消息，包括：发现 GATE 消息：由 OLT 以广播方式发送，用于 ONU 发现。普通 GATE 消息：由 OLT 以单播方式发送给 ONU，用于进行带宽分配。② 注册请求（REGISTER_REQ）消息。③ 注册（REGISTER）消息。④ 注册确认（REGISTER_ACK）消息。这些消息中都包含有时间标签字段，用于记录报文发送时的本地时钟。OLT 支持 ONU 使用 MAC 地址、LOID（Logical ONU Identifier，逻辑 ONU 标识符）或 LOID+LOID 密码进行注册。

以 ONU 使用 MAC 地址为例，ONU 注册过程如下：

① 在 T0 时刻，OLT 向所有 ONU 广播一个发现 GATE 消息，该消息中的时间标签值为 T0。

② 未注册的 ONU 收到该消息后，修改本地时间为发现 GATE 中的时间标签值 T0，并等待一段时间，在 T1 时刻发送 REGISTER_REQ 消息给 OLT，该消息中的时间标签值为 T1。

③ OLT 在 T2 时刻收到 ONU 的 REGISTER_REQ 消息，获得该 ONU 的 MAC 地址并计算出 RTT（Round Trip Time，往返时间）值。RTT 主要用于 ONU 与 OLT 之间的时间同步。

④ OLT 根据 REGISTER_REQ 消息中的 MAC 地址，先后向 ONU 发送一个 REGISTER 消息和一个普通 GATE 消息。REGISTER 消息中包含为 ONU 分配的唯一的 LLID（Logical Link ID，逻辑链路标志），用于标识 ONU 的身份。

⑤ ONU 收到 REGISTER 和普通 GATE 消息后，在普通 GATE 消息所授权的时隙中向 OLT 发送一个 REGISTER_ACK 消息，完成注册。

（2）扩展 OAM 连接

以太网 OAM（Operation，Administration and Maintenance，操作、管理和维护）是一种监控网络故障的工具。它工作在数据链路层，利用设备之间定时交互 OAMPDU（OAM Protocol Data Unit，OAM 协议数据单元）来报告网络的状态，使网络管理员能够更有效地管理网络。扩展 OAM 在以太网 OAM 技术的基础上，增加了 OAMPDU 的种类。通过扩展的 OAMPDU，OLT 和 ONU 设备间可以完成连接的请求和应答，以及完成 OLT 对 ONU 设备的远程管理。

扩展 OAM 连接的建立过程如下：

① 完成标准 OAM 连接。

② ONU 向 OLT 上报所支持的 OUI（Organizationally Unique Identifier，全球统一标识）及扩展 OAM 版本号。

③ OLT 确认该 ONU 上报的 OUI 及扩展 OAM 版本号是否在本地支持的 OUI 及扩展 OAM 版本号列表中。如果存在，则该 ONU 的扩展 OAM 连接建立成功。

（3）带宽分配

扩展 OAM 连接建立完成后，OLT 可以向 ONU 传输数据，而 ONU 需要 OLT 为其分配带宽之后，才能发送上行数据。

OLT 为 ONU 分配上行带宽的过程如下：

① OLT 发送普通 GATE 消息，告知 ONU 发送 REPORT 消息的时隙。

② ONU 在所分配的时隙内发送 REPORT 消息，向 OLT 报告自己的本地状况（如缓存占用量），以帮助 OLT 智能分配时隙。

③ OLT 收到 ONU 的 REPORT 消息，根据当前带宽状况，为 ONU 分配数据传输时隙。

④ ONU 收到授权 GATE 消息后，在 OLT 分配的传输时隙到达时，开始发送数据。

OLT 设备上主要有如下接口类型：

① OLT 端口：位于 EPON 业务板，每个 OLT 端口可以连接一个 EPON 网络。OLT 端口采用三维编号方式：单板的槽位号/单板上的子卡号/端口编号。例如 Olt3/0/1。

② ONU 接口：OLT 端口上用于连接 ONU 设备的逻辑接口。ONU 接口的编号方式为：OLT 端口编号：ONU 接口编号，例如 ONU3/0/1:1。ONU 接口视图下所进行的配置都是对接入 OLT 的 ONU 设备的配置。仅当 ONU 设备绑定到指定 ONU 接口后，该 ONU 接口才具有实际意义。

③ UNI（User Network Interface，用户网络接口）：ONU 设备上连接用户的端口。

在 OLT 设备上进入 ONU 接口后，可以通过带 UNI 端口号的命令（例如 uni uni-number auto-negotiation）远程配置 ONU 设备上的 UNI 端口。

EPON 系统端口编号示意图如图 5-18 所示。

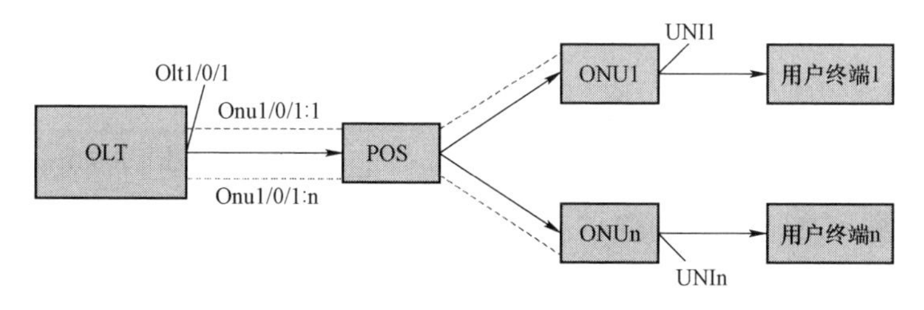

图 5-18　EPON 系统端口编号

OLT 的配置内容：配置 OLT 认证模式，配置 OLT 工作模式，配置 OLT 接口类型，配置 OLT 端口的链路类型，配置 OLT 端口授权过滤功能，配置 ONU 到 OLT 的最大往返时间，配置 SNMP，配置 OLT 的告警功能等。

ONU 的配置内容：创建 ONU 接口，绑定 ONU 设备，配置 ONU 接口，配置 ONU 的动态 MAC 地址表项老化时间，配置 ONU 的管理 VLAN，配置 ONU 接口链路类型，配置 ONU 的业务特性，配置 ONU 的 UNI 端口等。

关于 EPON 的更详细配置和示例可以查阅相关公司的官网。

5. GPON OLT 的配置步骤

EPON 是电气与电子工程师协会（IEEE）制定的通信标准，配置方法与传统以太网交换机非常相似。GPON 是国际电信联盟制定的通信标准，GPON 的网络模型虽然与 EPON 相同，配置内容却有不少差异，GPON OLT 的主要配置步骤如图 5-19 所示。

步骤 1：连接 OLT 进入配置模式。将 OLT 设备与上级网络设备（如交换机）进行连接。确保连接线路无损坏，插头连接牢固。使用电脑通过网线将其与 OLT 设备进行连接。在浏览器中输入 OLT 设备的 IP 地址，进入 OLT 设备的界面。在 OLT 设备界面上输入默认的用户名和密码进行登录。

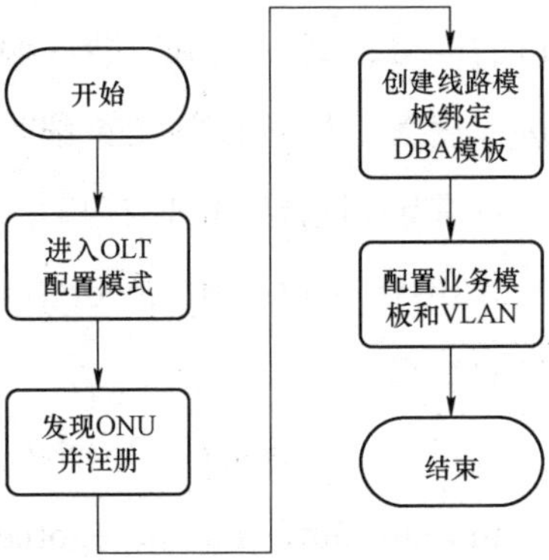

开始 → 进入OLT配置模式 → 发现ONU并注册 → 创建线路模板绑定DBA模板 → 配置业务模板和VLAN → 结束

图 5-19　OLT 的主要配置步骤

步骤 2：自动发现 ONU 并注册

确认 ONU 已正常连接，并且 ONU 上的 PON 指示灯开始闪烁。输入 show gpon onu uncfg 命令，用于 OLT 自动发现 ONU。依据发现的 ONU 的 SN 码，把 ONU 添加到 OLT 端口。

步骤 3：创建线路模板。DBA（Dynamically Bandwidth Assignment，动态带宽分配）是一种能在微秒或毫秒级的时间间隔内完成对上行带宽的动态分配的机制，它可以提高 PON 端口的上行线路带宽利用率，可以让用户享受到更高带宽的服务。DBA 主要是控制 PON 口下 ONU/ONT 到 OLT 的

上行数据的速率。

DBA 模板示例：dba-profile add profile-id 14 type4 max 1024000

该模板表示：创建最大带宽为 1G 的 DBA 模板。这里的 1G 表示该 PON 口下的每一个 ONU 的上行速率最大为 1G，而不是该 PON 口下所有 ONU 的上行带宽总和最大为 1G。其中，DBA 索引号的取值范围为 10～512 之间。

T-CONT（Transmission Containers，传输容器）动态接收 OLT 下发的授权，用于管理 PON 系统传输汇聚层的上行带宽分配，改善 GPON 系统中的上行带宽，是 GPON 系统中上行业务流最基本的控制单元。

T-CONT 是建立在 line-profile 模板（线路模板）下的一个容器，主要用于区分不同的用户数据，它只有与 DBA 模板绑定，才能承载业务数据，由 DBA 动态分配上行带宽。T-CONT 取值范围为 0～7，其中，0-OMCI 使用，7-TDM 使用，1～6 可由用户自定义使用。由于 T-CONT 主要用于区分用户数据，我们可按如下用途使用 T-CONT：T-CONT 1 缓存管理数据，T-CONT 2 缓存语音数据，T-CONT 3 缓存视频数据，T-CONT 4 缓存宽带网络数据。

创建 T-CONT 示例：tcont 1 dba-profile-id 14，其中，1 表示 T-CONT 编号，14 表示所绑定的 DBA 模板号。

创建线路模板的步骤如下：

① 创建 DBA 模板

② 创建线路模板

③ 创建 TCONT 绑定 DBA 模板

④ 创建 GEM 端口并绑定 TCONT，用来承载业务

⑤ 设置映射方式为 VLAN 映射

⑥ 将用户侧 VLAN 的业务流映射到 GEM 端口

步骤 4：配置业务端口和 VLAN。在 OLT 设备界面上找到 VLAN 菜单，点击进入。在此处可以创建所需的 VLAN。选择需要配置的端口，进入端口配置界面。在此处可以设置端口参数，如速率、模式等。创建虚拟接口，

设置业务的参数，比如IP地址、子网掩码等。

关于GPON的更详细配置和示例可以查阅相关公司的官网。

三、以太全光网

PON网络的基本特征是光和无源，光通信在传输带宽、材料成本、传输距离、信号损耗、单位能耗、耐用性等方面比传统的铜缆通信更有优势，无源的特点使得PON网络在网络架构和维护成本方面具备天然的优越性。PON网络在家庭宽带领域取得了巨大的成功。过去十年，全球PON用户数增长了10倍，2020年末PON网络总用户数达到7.33亿。全球PON用户在互联网宽带用户的占比达到近60%，中国市场PON用户占比超过93%。不少高校尝试将PON应用于校园网络，实践表明PON能够满足于办公区、家属区这种类似家庭宽带的应用场景，对于存在高并发、大带宽的宿舍区显得力不从心，在用网高峰期容易出现高时延和卡顿的情况。

为了解决这个问题，全光以太网出现了。全光以太网仍然采用全双工的方式通信，而不是PON采用的轮询式通信。

1. 基本概念

以太全光网是将有源光纤接入交换机安装在房间里，房间的有源光纤接入交换机与核心或汇聚交换机之间的链路使用光纤连接。以太全光网采用一室一纤、独享带宽模式，满足高带宽、低时延业务需求，比如在线学习、虚拟仿真、直播录播、数字孪生、元宇宙等，为学校的教学、科研、办公、生活等提供强有力的网络基础设施支持，高质量推进学校各项业务数字化转型。

2. 技术路线

以构建多网全光融合，高速、安全、泛在、绿色的新一代校园网络，推进物理环境与网络空间一体化建设，为学校各项业务高质量开展提供快速、便捷、高效的网络基础设施支撑为目标。采用以太光网交换机为核心技术的“以太全光”组网方案，逻辑架构采用扁平化设计，以光纤作为传

播介质，通过光纤入室的部署方式，结合以太网的架构组网，整合 5G 网络、物联网络和教育科研网络，打造绿色、灵活、高效的新一代校园网络。在新一代校园网的无线覆盖方面，学校将现有各校区的楼宇进行详细的功能分解和区域划分，根据不同区域进行针对性的无线网网络设计。设计采用主流的无线技术（802.11ax、802.11be），确保全校室内外各区域无线信号无盲区覆盖，满足师生便捷接入、泛在访问和大规模接入的需求，支撑学校各种业务数据的高效传输需求。

3. 技术方案

以太全光网网络技术和 SDN 技术融合使用，构建了有线无线一体化的校园新型信息基础设施，充分满足学校智慧教学、智慧管理、智慧服务、智慧科研以及 AR/VR/MR、元宇宙等高带宽业务承载需求，并持续提供高品质网络服务和应用服务，满足师生多样化用网需求。

4. 建设方案

在光进铜退的大趋势下，此次建设数据传输介质由铜缆网线入室升级为光纤入室，大幅提升校园网接入带宽承载水平。教室场景设计最高支持有线网络带宽能力提速 10 倍，有效保障智慧课堂、虚拟仿真、直播录播、远程巡课、视频会议等高带宽业务开展；宿舍场景实现有线网络光纤入室，学生人均带宽提升 2.5 倍，满足学生宿舍内直播听课、在线学习、远程互动、大容量文件下载等高并发活动；全网无线接入能力提升 2 倍，实现各校区无线终端无感漫游，覆盖范围将充分考虑偏僻区域，力争实现全校室内外无缝覆盖目标，并对迎新业务、中大型校内活动等多用户并发场景，提供应急无线接入扩充能力。此外，全网采用 SDN 软件定义，并配套智能运维软件，实现运维智能化。

5. 网络拓扑

以太全光网的网络拓扑结构如图 5-20 所示。

该建设方案在四个方面进行了创新与改变。

第一，链路层：整网有线无线全光接入，每个房间光纤入室，室内信息点就近接入室内交换机 1:1 独享带宽；

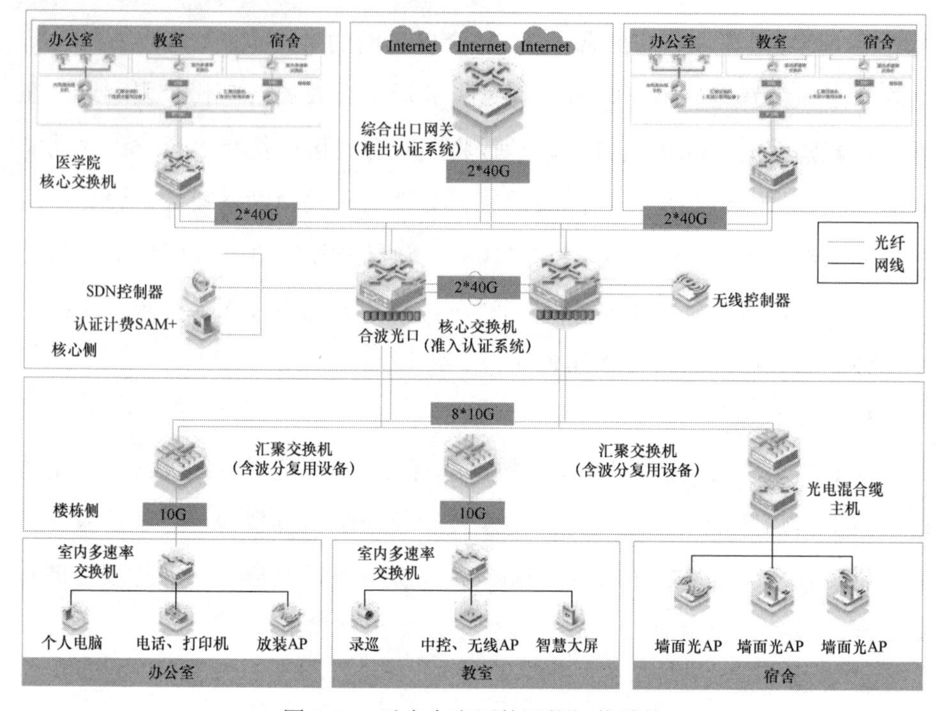

图 5-20　以太全光网的网络拓扑结构

第二，设备层：一个楼栋仅需要放置一台汇聚交换机，取消楼层接入交换机，减轻弱电间有源设备数量并降低能耗和运维压力；

第三，多业务承载：一张物理网络承载校园网有线、无线、专网业务，亦能平滑过渡到校园网、物联网、科研网这样的多网共存的理想规划，整体灵活可落地；

第四，运维管理层：全网采用 SDN 软件定义，前端设备即插即用，运维智能化。

6. 实施案例

这里以某高校一个办公区为对象，介绍以太全光的实施案例。

（1）需求概要

该办公区分为两层，共有 80 个办公室，每层 40 个办公室，要求基于以太全光技术实现有线无线一体化建设和管理，室内室外无线网络全覆盖，

光纤入户，千兆至桌面。

（2）方案设计

经过实地勘察发现，该办公区为二层“王”字形建筑，每层有38间办公室和2个大型会议室。原有网络结构为传统三层架构，此区域共4台网络交换机，一台作为网关和汇聚，另外3台作为用户接入终端接入设备。3台接入交换机分布在两个弱电间，超五类网线通过桥架预埋到各个房间。该办公室有24芯光缆上联至区域汇聚交换机，实际用到2芯，22芯空闲。基于此，制定如下方案，现网保持运行，待新网络建成后逐步拆除现网络。方案整体逻辑架构如图5-21所示。本方案工作在网络层之下，因此，不改变校园网络整体三层架构，认证系统、路由策略均不需要调整，只需要把新增加的IP地址网段添加到认证系统即可。

新增加一台汇聚交换机，放置在该办公区的弱电间，用空闲的22芯中的2芯光纤作为上联，上联到核心交换机。汇聚交换机向下通过无源波分设备把光信号（1:8波分比例）传递到办公室，每个办公室安装多媒体箱，共需要至少11芯光纤（解释见后文）。由于现网保持运行，因此，当前地址段不能使用，需要在汇聚交换机上创建新的IP地址池和网关，通过动态路由或者静态路由上联校园核心交换机。

每个大型会议室按照2个办公室对待，每一层相当于42间办公室，每间办公室安装一个多媒体箱，多媒体箱就地取电。多媒体箱里面安装一个4口的POE交换机，从多媒体箱中交换机的POE接口引出一根六类网线，安装一个室内面板无线AP，POE交换机的其余3个接口用来连接用户电脑和网络打印机。室内面板无线AP自带4个网口，也可以接用户电脑和网络打印机等。办公室的多媒体箱通过硬皮线光缆上联到弱电间，使用彩光通信，按照8:1的比例，8间办公室的光纤汇集到弱电间后通过无缘波分设备将光信号汇聚到一根光纤上，然后上联至区域汇聚交换机。该办公室84间办公室需要至少11根上联光纤（11 × 8 = 88）。

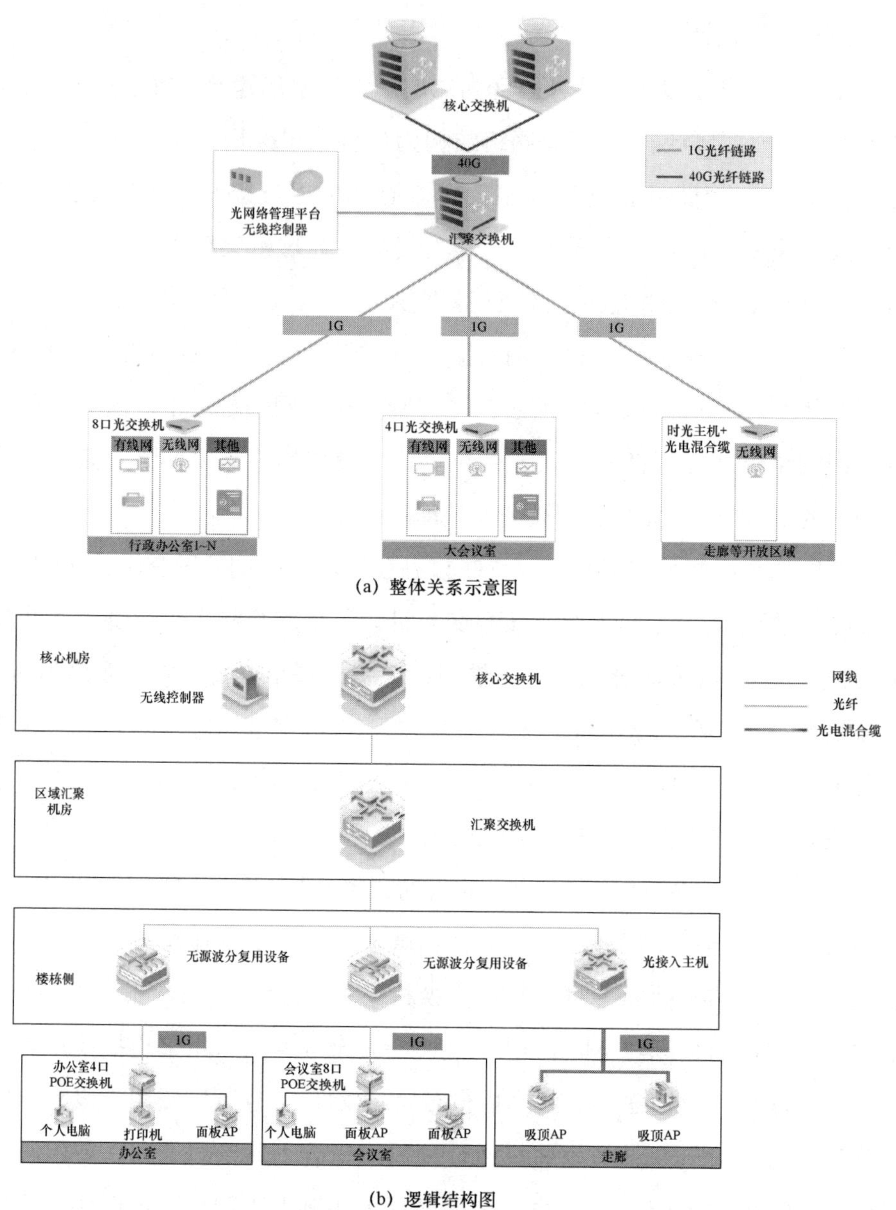

(a) 整体关系示意图

(b) 逻辑结构图

图 5-21　方案整体逻辑架构

每层走廊区域需要安装 8 个吸顶无线 AP 实现室外无线覆盖。为了解决室外 AP 取电问题，采用光纤复合缆（光纤＋供电）连通无线 AP 适配器与

光接入主机。光接入主机通过多模光纤连接到区域汇聚交换机。无线 AP 实配器把光纤复合缆的光电信号转换到 POE 网线接口，通过六类网络连接无线 AP。两层 16 个吸顶无线 AP 需要一台 24 口光接入主机。该办公室基于以太全光技术实现有线无线一体化建设的具体实施方案如图 5-22 至图 5-25 所示。

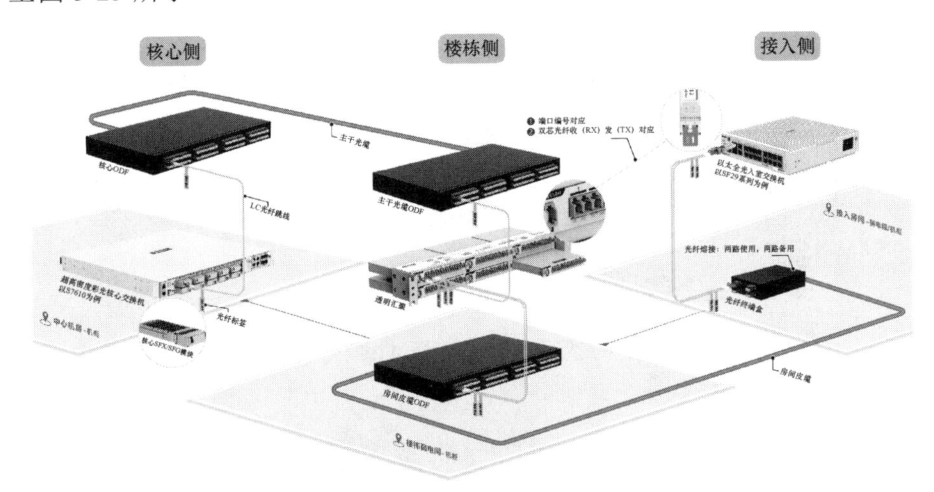

图 5-22　校园核心—区域汇聚—房间接入

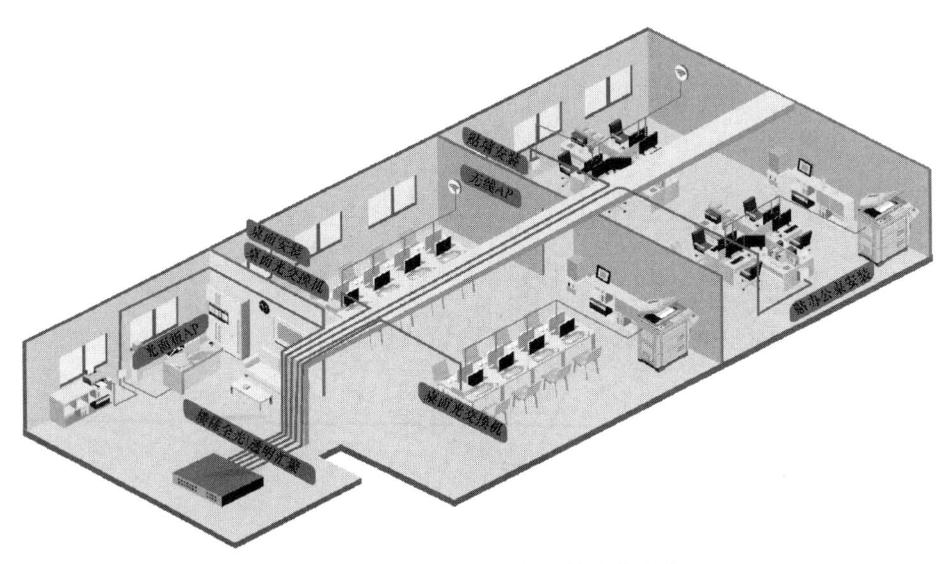

图 5-23　办公室多媒体箱就地取电方案

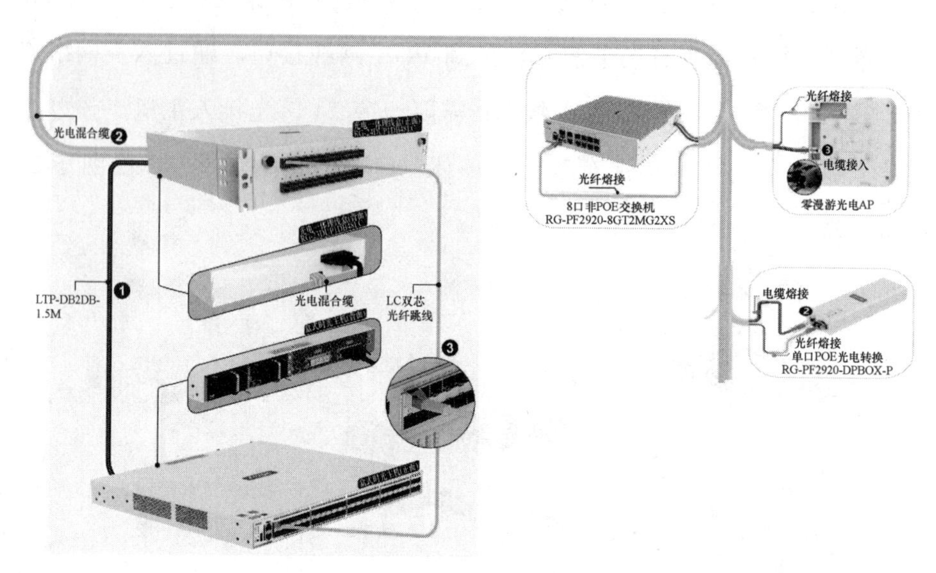

图 5-24　光接入主机与无线 AP 的连接方法

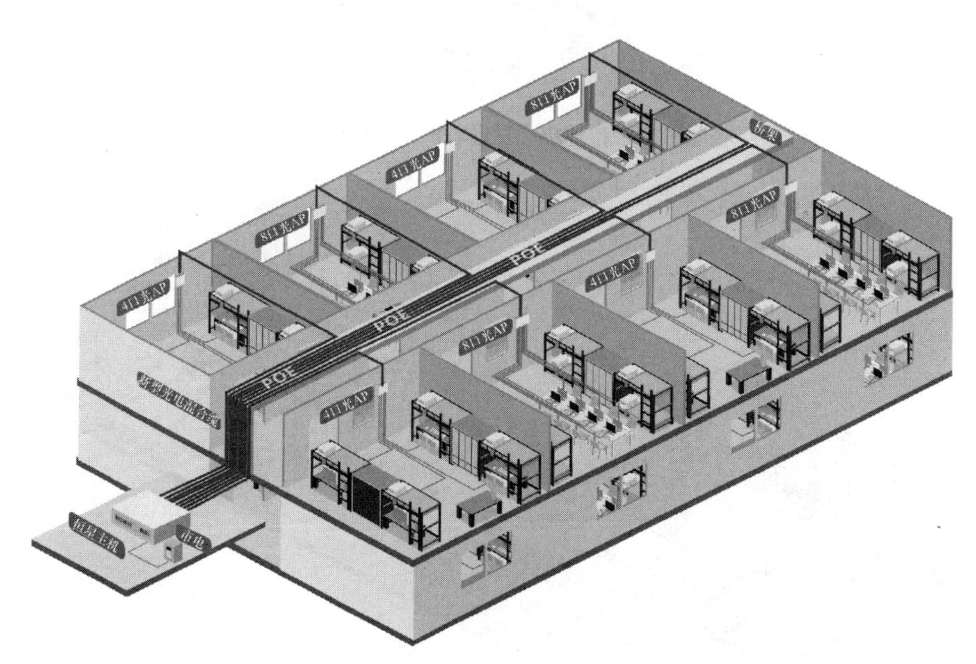

图 5-25　走廊无线 AP 集中供电连接示意

该方案所需设备清单，见表 5-1。

表 5-1　设备清单

序号	产品名称	总数量	单位
1	无线控制器	1	台
2	区域汇聚交换机	1	台
3	办公室 4 口 POE 交换机	84	台
4	办公室面板 AP	84	台
5	会议室 8 口 POE 交换机	2	台
6	会议室高密无线 AP	4	台
7	光接入主机	1	台
8	光电适配器	16	台
9	走廊吸顶无线 AP	16	台

（3）方案效果

该方案满足了用户需求，实现了有线无线一体化建设和管理，实现了室内室外无线网络全覆盖，无线网络千兆接入，光纤入户，有线网络用户侧全部网络接口均为千兆，采用六类网线布线到办公桌，实现千兆至桌面。

该方案技术上有如下优势：① 有线无线全网 SDN，统一运维，设备即插即用，工作效率大大提升；② 支持远程上下电控制，网络故障恢复时间大大减少；③ 全光链路智能感知，手机一键扫描定位故障，网络故障主动智能优化；④ 一键调优，精准提升关键业务体验，精准 3D 可视化网管，提高管理员运维效率。

（4）方案优势

该方案整体上具有以下三项优势。

优势一：易扩展，新业务上线快。

采用光纤入室，交换机下沉到办公室和教室的组网方式，后期扩展方便灵活。终端增加不用像传统的铜缆那样从弱电间开始敷设，直接从室内交换机布线到桌面即可。如果入室交换机的端口不够用，可直接选择端口更多的入室交换机进行零配置替换，无须对应端口，接线即可完成更换和入网，部署简单，大大减少了信息点扩展的工作时间，使新型业务部署上线效率得以成倍提升。

优势二：高带宽，独享千兆/万兆到桌面。

以太全光网方案架构设计，与传统铜缆方案相比，骨干带宽升级到40/100G到楼，有线网独享万兆速率入教室，无线独享2.5G上行接入，充分释放Wi-Fi 6性能。此外，在保证有充足带宽满足学校日常业务开展的同时，本次建设也进行了前瞻技术探索，在教师发展中心和智慧校园体验中心部署了基于Wi-Fi 7技术标准的无线高密AP，实现1次部署，全生命周期无忧，满足多媒体教室、智慧教室、VR/AR教室、云实训室等所有类型房间对大带宽的需求，显著提升师生用网体验。

优势三：简运维，运管/故障处理智能可视。

以太全光方案的应用使得校园网整网的运维难度大大降低。凭借SDN技术的应用创新，终端可即插即用，业务故障恢复时间缩短至分钟级，方案自带的智能链路监测功能，除了在物理线路中断之后能够快速确定故障源之外，还支持手机扫描和一键恢复。学校还采用乐享可视化综合运维管理平台，实时监测业务系统运行状态，能够及时发现各类问题并向运维人员告警，达到状态可视、业务可管、故障可控，整体运维效率提升了70%以上。

（5）支撑作用

基于以太全光网建设校园新型信息基础设施，将对以下学校核心业务提供关键支撑。

① 支撑信息化基础设施平台构建。支撑依托互联网、校园网、物联网和运营商网的多网融合的基础网络和数据中心构建。全面实现IPv6部署和多校区互联互通，支撑学校各种业务数据传输特别是跨校区跨部门的数据传输需求。促进网络接入方式的便利性，确保互联网访问速度和带宽满足学校教学、科研、管理与服务的需求，实现网络接入与应用体验一致，打造绿色高效的信息化基础设施平台。

② 支撑一体化数字治理体系构建。支撑信息化智能运维与数字决策体系构建。凭借全光网高速率、易扩展的特性，利用大数据、人工智能等技术，实现全校数据的深度集成与管理应用深度融合，实现管理智能化和决策智慧化，构建线上线下相结合的“一网通办，最多跑一次”治理秩序，

面向学校发展、业务域管理、人才培养、教师发展、能源能耗、科学研究等多层级、多业务域进行大数据分析、服务、智能预警和决策支持相结合的综合指挥体系建设，提升学校治理现代化水平。

③ 支撑智慧学习空间构建。支撑基于新一代信息技术的智慧学习空间建设。充分利用全光网大带宽、快接入的特性，依托云计算、物联网、5G、大数据、人工智能等技术，创新人才培养模式和智慧化教学应用的深入实践，建成人人可学，处处能学的环境，加强沉浸性、互动性、感知性、开放性、易用性建设，不断推进新一代智慧教室和共享学习空间的建设，促进创新智慧教与学模式探索，支持现代教学制度的探索、变革及师生能力与素养的提升。

④ 支撑智慧生活空间构建。支撑资源智能管控和服务智能提供的一体化智慧生活空间构建。依托 SDN 和智能运维系统，实现校园资源的集中管理和智能监控，结合智能感知设备，实现无感知认证和一键报警，搭建绿色、平安、和谐的校园环境，并根据能源消耗与教学、生活等社会行为建立大数据分析模型，实现智能的能源预警，充分应用人工智能技术，实现智能的能源控制，利用物联网技术实现设备与设备、人与设备、环境与设备的互联，构建万物相连、处处可感的校园环境。

7. 全光改造行动简介

根据河南省教育厅、中共河南省委网络安全和信息化委员会办公室等八部门印发的《河南省加快教育新型基础设施建设专项行动方案（2023—2025 年）》（豫教科技〔2023〕237 号）文件，重点任务（四）实施校园网络提升行动：将网络环境纳入学校办学条件基本标准，支持各级各类学校开展 5G、校园网络全光网改造，推进 5G、IPv6、物联网、新一代无线局域网等网络技术的落地应用。2025 年，全部学校完成校园网全光网改造和无线网络全覆盖。

以太全光网络区别于通信运营商的 PON（无源光网络），基于校园网络成熟的以太网技术，光链路不分光，实现光纤入室（办公室、教室、会议室、宿舍等），千兆至用户桌面，有线无线一体化，室内室外无线（Wi-Fi 6）全覆盖。

以太全光网络的网络架构和网络管理技术与现网相同，不影响上层应用。网络速度更快，扩展性更好。典型应用场景如图 5-26 所示。

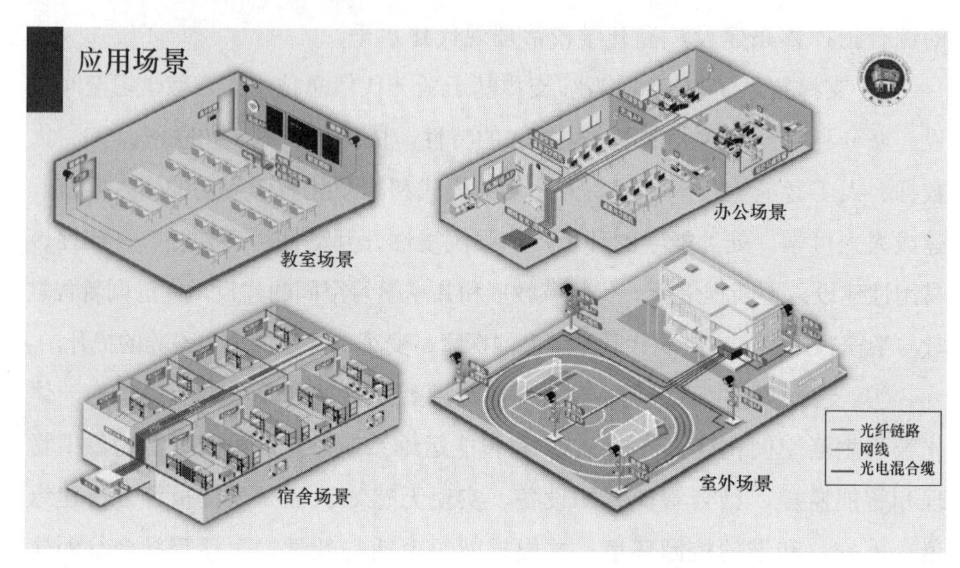

图 5-26 以太全光网络的应用场景

（1）教室场景

光纤进入教室，本地取电，通过 POE 交换机连接无线 AP、多媒体管控电脑、智慧黑板、监控摄像头、智慧门禁等，有线网千兆至用户桌面，无线网支持 Wi-Fi 6。

（2）办公场景

光纤进入办公室，本地取电，通过 POE 交换机连接无线 AP、办公电脑、网络打印机等，有线网千兆至用户桌面，无线网支持 Wi-Fi 6。

（3）宿舍场景

在弱电间集中取电，光电复合缆进入宿舍，连接有线无线一体式 AP，每个床位安装一个有线网面板，有线网千兆至用户桌面，无线网支持 Wi-Fi 6。

（4）室外场景

在弱电间集中取电，光电复合缆直达室外有线无线一体式 AP，可扩展连接监控摄像头等，无线网支持 Wi-Fi 6。

第六章　智慧校园网络管理与服务

高校校园网是一个庞大、活跃而复杂的系统，想要保持其高效运转，日常的运行维护是十分重要的。说其庞大，是因为设备数量多，承载业务多。河南科技大学校园网有路由器、交换机、BRAS、防火墙、负载均衡、态势感知、认证设备、域名服务、VPN 等网络设备近 2 000 台，无线网络 AP 近 9 000 个，分布在四个校区，200 多栋教学、办公、宿舍和家属楼及周边。校园网承载着办公系统、邮箱系统、财务系统、科研系统、教务系统、在线课程、一卡通、新闻通知等十几大类业务；说其活跃，是因为校园网用户绝大部分是大学生，他们思想活跃，充满激情和活力，接受新生事物快，对网络新媒体等新鲜事物表现出强烈的好奇心，参与意识强，动手能力强，河南科技大学约 6 万用户，出口带宽 80 Gb/s 就很好地说明了这一点；说其复杂，高校校园网大多是从 2000 年左右开始建设，经过了 20 多年的持续建设。其复杂性包括几个方面：① 指令复杂，不同建设时期，选用不同厂家的网络设备，造成同时在线运行的设备种类多样，配置指令复杂。② 线路复杂，项目化建设的时候，线路和标识通常较为规范，但是，小规模个性化需求产生的布线，就难以严格按照标准做。运维人员的个人工作习惯，也一定程度上造成网络线路的多样化。运维人员的变更使得这种情况更容易出现；③ 结构复杂，起初，受限于网络设备性能，校园网通常按照三层架构设计：核心层、汇聚层、接入层。核心层负责各区域之间线路通信和学校对外线路通信，功能较单一。汇聚层负责本区域的 IP 管理和业务管理，本区域线路通信以及与核心层之间的线路通信，网络管理职能多。接入层负责连接用户，网络管理功能相对较少。后来，网络设备性能已能够满足二层化架构要求，加之，校园无线网逐渐进入高校校园，二层网络架构更加适应校园无线网对于校园漫游、无缝切换特性的需求。高校校园网开始逐渐转为大二层架构。有些学校校园有线网仍然沿用三层网络架构，校园无线网采用大二层网络架构，三层结构与大二层架构混合运行，校园有线网与校园无线网在核心层互联（图 6-1），达到校园网一体化管理的目的。④ 需求复杂。教学区对网络共享需求较大，实验室的实验平台需要在小范围内共享资源。学生宿舍区的管理重点是防止学生私拉乱扯网线引起网络回路，私设路由器产生非法 IP 等引起大范围网络故障。

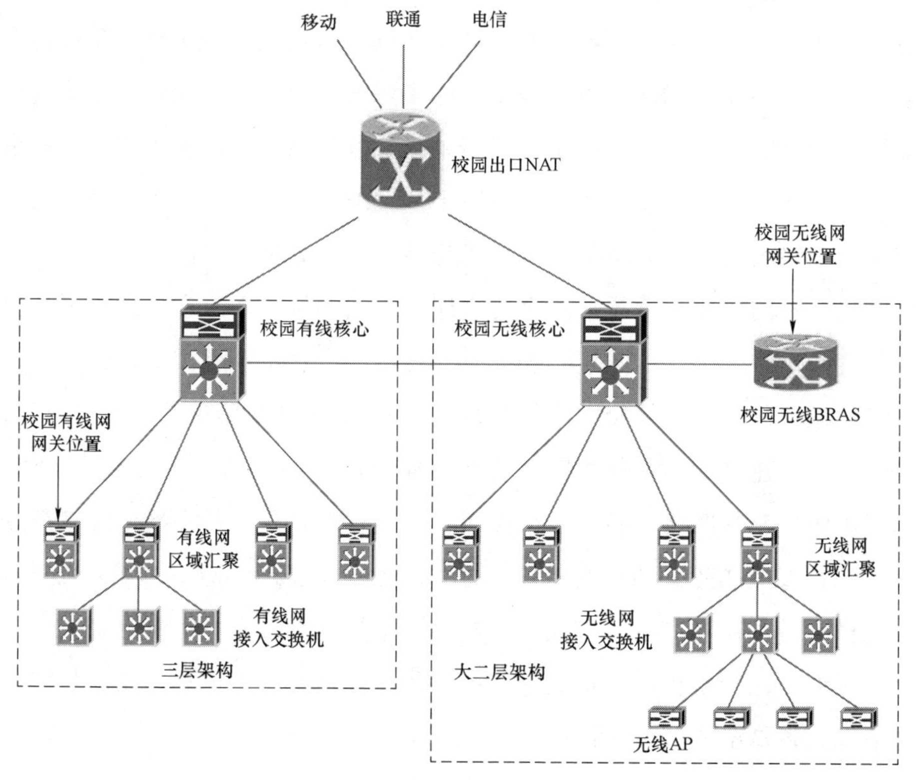

图 6-1　三层与大二层网络架构混合运行

家属区用户希望能够在家中安装路由器，方便一家人共享网络。办公区既要防止病毒传播，还要允许共享打印机等等。这些不同的需求对于网络架构、管理策略、设备配置、认证方式的灵活性和严谨性要求极高，十分考验网络管理人员的管理经验，以及对于网络设备的驾驭能力。

高校校园网络是保障师生在学校的教学、科研、管理、学习和生活的重要基础，良好的校园网络运维是提供稳定、安全、高效的校园网络环境的重要保障。

高校智慧校园网络管理是指网络管理员对校园网络的运行状态进行监测、控制，同时做好对网络设备的日常管理与维护以及网络故障的排查与处理等网络管理维护服务，保证校园网持续正常运行，为学校提供高效、可靠、安全的网络通信服务。从定义来看，高校智慧校园网络运维工作包括校园网络管理、校园网络维护和校园网络故障处理三个方面。具体来说，校园网络管理范畴通常包括对网络配置的管理、网络性能的管理与优化、网络设备的管理、网络安全的管理、网络计费的管理五个方面；校园网络维护范畴一般包括校园网络设备的日常维护、校园网络用户的日常业务办理等工作；校园网络故障处理包括校园有线网络故障和校园无线局域网络故障排查处理等工作。在日常校园网运维过程中，对网络的管理、维护和故障处理工作是互相联系和不可分开的。

第一节　高校校园网络管理基本概念

校园网的管理与运维应该从三个方面做起：① 严谨的管理制度和高效的管理机制；② 一支相对稳定的运维人员队伍；③ 高效的网络管理工具。

一、管理制度与管理机制

没有规矩不成方圆。校园网的管理和服务对象包括校园网的使用者、校园网的建设者和校园网的管理者。对于每一类用户都要有与之对应的管理制度，这样才能够保证校园网管理和运维工作有条不紊。校园网的使用者就是教职工、学生和校友，与之相关管理制度包括入网安全协议、上网行为规范和网络实名认证，校园网的使用者必须签署入网安全协议书，承诺遵守上网行为规范，并且完成网络实名认证才能够使用校园网。校园网的建设者主要是指校园网建设项目的承建方和通信运营商。校园网建设项目在设计阶段要制定详细的技术规范和施工规范，供承建方遵守，施行一项目一要求。通信运营商在校内进行通信项目施工，施行报备审批制度。每次施工前应该提供详细的施工方案，包括线路图、设备数量和型号、安装位置等，学校网信部门牵头，会同保卫、后勤、基建等部门审批后方可施工。校园网的管理者是指运维人员。管理制度需要明确每个岗位的职责，比如IP规划和路由管理、认证及用户管理、流控和安全管理、线路和弱电机房管理等，同时结合服务区域明确每个岗位的工作职责，使得每个人都能各司其职。管理制度是明确的条款，管理机制是保证这些条款能够被有效执行的保障，以及出现突发情况的应对策。管理机制包括工作例会、审批流程、请示汇报规范，等等。再好的制度最终的执行者也是人，管理机制就是让人与人、事与事有序流转起来。

二、运维人员队伍

校园网络管理员是为保障校园网络稳定、安全、高效地运行的计算机网络专业技术人员。网络管理主要包括八项主要任务：校园网络基础设施管理与维护、网络操作系统管理与维护、网络安全的管理与维护、网络机房管理与维护、网络信息存储备份管理、网络用户的管理、网络故障的处理、网络运维档案的管理。校园网管理与维护是一项专业性和技术性要求较高的任务，要求校园网络管理员掌握一定的网络管理与维护技术，在该领域具备较强的专业能力、较高的技术水平、丰富的实践经验。此外，校园网运维工作具有属地性，哪怕是一个技术能力很强的新人，去解决一个

具体问题，可能也比不上一个管理此区域 3～5 年的技术能力普通的“老人”。因为，目前，大部门高校的校园网管理都缺乏有关以下情况的高效清晰的信息化呈现和管理工具，比如地下管沟的余量，地下光缆的利用情况，楼宇之间、楼层之间的线缆走向和线缆质量，弱电间的位置，每个房间信息点的位置，每个信息点的上联线路来自哪里，每个弱电间里面的设备都是哪一家运营商的，等等。一个区域的网络管理员经过几年的熟悉，对于这个区域用户的使用习惯，该区域经常出现的问题大都了然于胸，出现网络问题，凭经验可能就能判定个八九成。以上是区域管理员对于经验的重要性。校园核心网络的管理对于经验的要求更高，一方面，它同样要求网络管理员要非常熟悉核心区域各种线缆的情况和设备情况等；另一方面，每一种网络管理模式和业务配置都是经过了过往不断试错不断调整得到的，如果仅凭当前出现的问题，就做出什么样的调整，可能会引起更多的问题。而且，核心设备的每一次调整都可能会影响到一大片区域的网络用户。所以，要保持校园网运维人员队伍的相对稳定。

三、网络管理工具

工欲善其事必先利其器。对于一个承载着几百个应用，活跃着几万用户，设备数量近万台的校园网更是如此。网络管理是指对网络的运行状态进行监测和控制，使其能够有效、可靠、安全、经济地提供服务。国际标准化组织将网络管理分为配置管理、性能管理、故障管理、安全管理、计费管理五项。

根据多年网络管理经验，笔者认为校园网运维管理工具应具备以下功能：

（1）查看网络链路流量

查看校园网出口线路、骨干线路、汇聚线路、接入线路的实时流量，根据用户操作，快速显示某链路流量的历史数值变化。网络管理员根据管理权限划分可以查看的链路范围，一目了然地掌握所负责范围内链路是否健康。

（2）查看网络设备性能

查看网络设备的 CPU 利用率、内存利用率等健康情况，以简洁方式显示设备的主要性能指标。根据用户操作，可以快速切换到某个设备的详细运行数据和某项数据的历史变化，并能够从设备性能界面快速切换到设备配置界面，方便网络管理员调整和优化设备配置，并能够给出该设备最近若干次配置，方便快速恢复设备之前的配置。

（3）查看在线用户整体情况

符合政策法律的前提下，了解校园网用户的整体情况，比如在线用户数量、流量占比情况，为流量调度和网速优化提供参数。

（4）配置网络设备参数

可以管理绝大部分厂商的网络设备，包括路由器、交换机、有线网络设备、无线网络设备、光网络设备等。根据网络管理员使用习惯提供多种配置网络设备的方式，既要保证安全也要便于工作。比如用自定义的设备名称代替设备的管理 IP 地址，管理员通过设备名称可以搜索到想要管理的设备，点击鼠标就可以打开设备配置界面。

（5）管理弱电间

弱电间是校园网不可或缺的功能场所，包括核心机房弱电间、汇聚机房弱电间、接入机房弱电间等。网络管理软件应该能够层次化展示全校弱电间的分布，房间的环境情况（开关门状态、视频、温湿度等），房间的设备情况，各个弱电间的功能，并能够远程开关弱电间门锁等。

（6）检查光缆网络的利用情况

光缆网络相当于校园网的血管，网络管理工具应该能够以图形、动画与文字相结合的形式展示校园光缆网络的状态，与传感器和软件工具配合把校园网的“血管”从整体到细节呈现给管理员，比如整体光缆网络结构图，某段管沟里面当前线缆数量和管孔余量，某线缆共多少芯，多少芯在用，连接的两端分别是哪里，如果线缆断开能够实时显示在管理界面上，弱电管井被打开能够实时显示在管理界面上。

第二节　校园网络优化

网络优化是优化网络资源配置，确保网络资源有效利用的工作，不断提升用户网络体验。它贯穿于网络发展的全过程，是一项长期系统性的工程。网络优化的前提是数据的采集，包括用户用网反馈数据和设备及链路运行数据。网络设备及链路运行数据属于客观数据，可以通过读取网络设备接口信息和日志信息获得。用户用网反馈数据是用户对网络的主观感受和效果反馈，有一定的个体性和主观性，这恰恰是网络服务工作做得好不好的最终体现。基于主观/客观两方面的数据，进行网络优化管理，能够更科学地做好网络运维工作。下面介绍河南科技大学通过网络报修系统获得用户用网反馈数据的方法。

河南科技大学设计实现了用户报修系统，基于该系统获取用户用网反馈，及时进行网络故障处理和网络设备运行优化。

一、用户报修系统的设计

为了提高网络报修和任务分派的工作效率，方便用户反馈网络使用问题，设计实现了校园网用户报修系统。该系统包括五个功能模块管理，分别为：学生管理、维修人员管理、留言管理、公告管理和数据统计等。整个系统开发基于ASP.NET开发平台，同时使用SQL Server数据库存储数据，利用C#语言进行功能实现。借助该系统可以加快校园故障报修信息的处理速度，优化报修处理流程，提高校园故障报修工作的效率。

传统的网络维修步骤是用户先电话报修或者到网络中心现场报修，然后维修中心派维修人员处理故障。高校人数众多，报修电话经常会处于占线状态，给用户增添了许多麻烦，并且，若校园内有一处出现故障，或许会有多人对此种情况进行报修，增加了数据的冗余度，给管理者带来了大量的重复性工作。这种处理方式，使得处理故障的效率相对较低，而且处理工作相当繁琐，在这种情况下，借助网络方式进行报修就显得尤为重要，并且在移动设备大流行和5G盛行的今天，更多的人会用移动设备进行故障报修。设计一个基于客户端的网络报修信息系统，既会简化维修管理员的电话通知，也方便了用户进行故障报修。同时报修系统也会根据报修记录统计常见的故障的原因，为维修管理员网络化管理故障和用户自助报修提供辅助，让整个校园故障维修系统高效地运行。

1. 需求分析

用户的需求直接决定了系统设计和开发的方向和目标，做好对用户的需求分析工作可以保证系统的设计顺利地进行，系统设计的目的就是为了能够满足用户的需求，故用户的需求分析尤为重要。校园故障报修系统最主要的目的就是把所有的网络运营人员从人工的方式中解放出来，把校内有关的故障报修的服务使用网络平台实现，使学生的报修能够得到及时的处理。

（1）学生用户需求

学生在学校内，若有校园设施出现故障，例如学生用户在使用校园网的过程中，若有校园网出现故障的情况出现，不用通过打电话或者是去指定的地点报修，而是登录平台，直接在平台上对设备故障进行报修，查看报修结果并且可以对报修状况进行评价。

（2）管理员用户需求

管理员作为此报修系统的管理者，需要添加学生，添加维修人员，分配维修任务，需要在学生报修后，为此次的报修任务分配维修人员，并且发布公告，对维修人员进行评价。

（3）维修人员用户需求

维修人员需要在网站上查看管理员为自己分配的维修任务，维修结束后需要在系统上做出回复，要通过此系统，维修人员查看学生对此次维修的评价，有不足之处及时修改。

2. 业务分析

业务需求分析是整个研究的设计依据，通过需求分析才能确定系统在设计过程中应该要实现的操作，因此，开发人员需要和需求人员保持一定的联系，以便于更好地实现开发功能和用户需求之间的一致性。

通过查找浏览我国部分高校现有的高校校园故障报修信息系统，可以得出本次研究在系统设计方面的要求。这一研究有助于管理人员对校园故障报修的信息进行有效的管理，该系统应将学生的报修、维修人员的维修、管理人员的指派任务、留言、公告等操作有机结合起来。

首先管理员将学生和维修人员的有关信息录入，然后学生和维修人员才能用账号和密码登录系统进行报修和维修。学生使用的校园设施出现故障时，首先用账号密码登录系统，然后对故障进行描述并上报故障；此时管理员会接收到故障信息，然后管理员选择维修人员进行指派任务，选择特定的维修人员进行校园故障维修；维修人员登录自己的账号，查看是否有已分配但是未处理的任务，如有则维修完成后在页面改变维修状态，对维修结果进行上报。管理员还可以发布公告，但是学生和维修人员只有查看公告的权限，不能发布。学生可以在维修人员维修完成后，对此次维修进行评价。

3. 功能分析

根据以上结果分析，可以得出该系统的功能模块之间应存在着逻辑性和合理性的关系，并且这个关系可以确保该系统的相关信息的准确度以及功能的完整性，另外，该系统可以满足多个用户的不同需求。根据业务流程分析可以确定该系统要实现的功能。

该系统的系统功能图如图 6-2 所示：

4. 系统设计

系统设计的是根据需求分析通过工具做出详细设计，包括系统各功能模块的设计、数据库设计。采用树状层次来表示系统中各模块之间的关系，校园故障维修系统不仅给用户查看网络服务平台和公告信息外，还提供给用户通过系统进行报修的业务。

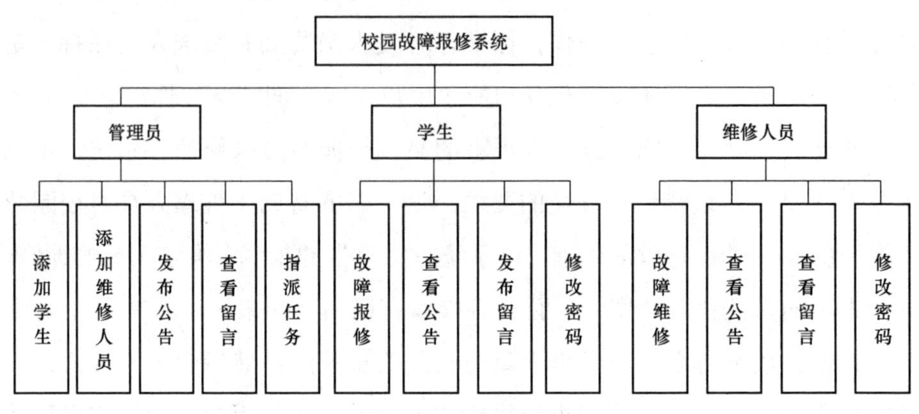

图 6-2　系统功能图

校园故障报修系统把用户类型分为三类：学生、管理员、故障维修人员，每个用户都有不同的功能操作。其中，学生用户主要是故障报修、留言管理、查看公告信息以及个人管理；维修人员功能与学生用户类似，唯一区别就是学生是故障报修者，而故障维修人员是故障维修者；管理员主要是完成分配维修任务、添加学生和管理员的任务，除了具有学生所有的权限外，还具有发布公告的权限。

（1）数据库设计

本系统的用户为学生、管理员和维修人员，每种用户对数据库的操作权限都不同，体现在对数据的增加、修改、删除上，管理员先将基本的数据录入系统，为组成数据库的设计做好准备。

按照需求分析，报修用户的基本信息包括学生编号、姓名、学号、电话、宿舍地址、报修类型、学院；故障维修人员的基本信息包括编号、姓名、登录密码、电话；管理员的基本信息包括编号、用户类型、登录密码。

（2）建立数据库逻辑模型

Admin 表的设计见表 6-1。

表 6-1　Admin 表

列名	数据类型	允许 null 值
ID	int	否
UserName	nvarchar（50）	是
PassWord	nvarchar（50）	是

BaoXiu 表的设计见表 6-2。

表 6-2　BaoXiu 表

列名	数据类型	允许 null 值
ID	int	否
UserName	nvarchar（50）	是
ShiJian	datetime	是
DiZHi	nvarchar（50）	是
memo	nvarchar（50）	是
State	nvarchar（50）	是
WeiXiu	nvarchar（50）	是
ChuLi	nvarchar（50）	是
PingJia	nvarchar（50）	是
LeiXing	nvarchar（50）	是

GongGao 表的设计见表 6-3。

表 6-3　GongGao 表

列名	数据类型	允许 null 值
ID	int	否
Title	nvarchar（50）	是
FaBuRen	nvarchar（50）	是
NeiRong	ntext	是
ShiJian	datetime	是

LiuYan 表的设计见表 6-4。

表 6-4　LiuYan 表

列名	数据类型	允许 null 值
ID	int	否
BiaoTi	nvarchar（50）	是
NeiRong	ntext	是
ShiJian	datetime	是
UserName	nvarchar（50）	是

WeiXiu 表的设计见表 6-5。

表 6-5　WeiXiu 表

列名	数据类型	允许 null 值
ID	int	否
BianHao	nvarchar（50）	是
PassWord	nvarchar（50）	是
XingMing	nvarchar（50）	是
LeiXing	nvarchar（50）	是
Address	nvarchar（50）	是
Haoma	nvarchar（50）	是

XueSheng 表的设计见表 6-6。

表 6-6　XueSheng

列名	数据类型	允许 null 值
ID	int	否
XueHao	nvarchar（50）	是
PassWord	nvarchar（50）	是
XingMing	nvarchar（50）	是
XueYuan	nvarchar（50）	是
Tel	nvarchar（50）	是
SuShe	nvarchar（50）	是
LeiXing	nvarchar（50）	是

（3）人机界面设计

登录界面设计：登录界面主要供不同的用户登录系统，界面如图 6-3 所示。

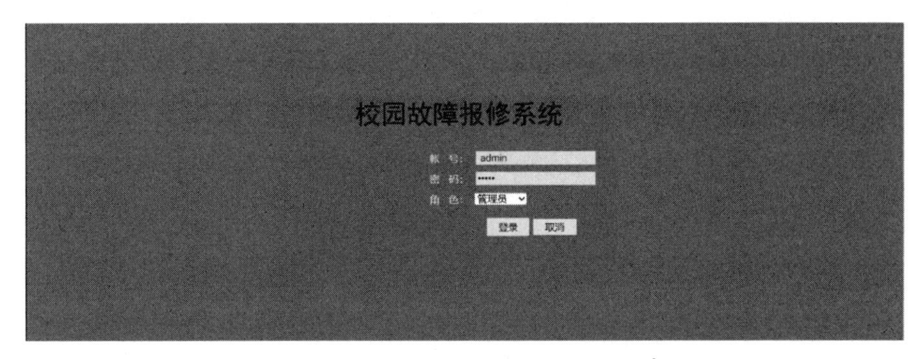

图 6-3　登录界面图

管理员操作界面的设计：管理员操作界面的主要功能是学生管理、维修人员管理、指派任务、发布公告、修改密码，其界面如图 6-4 至图 6-9 所示。

图 6-4　主界面

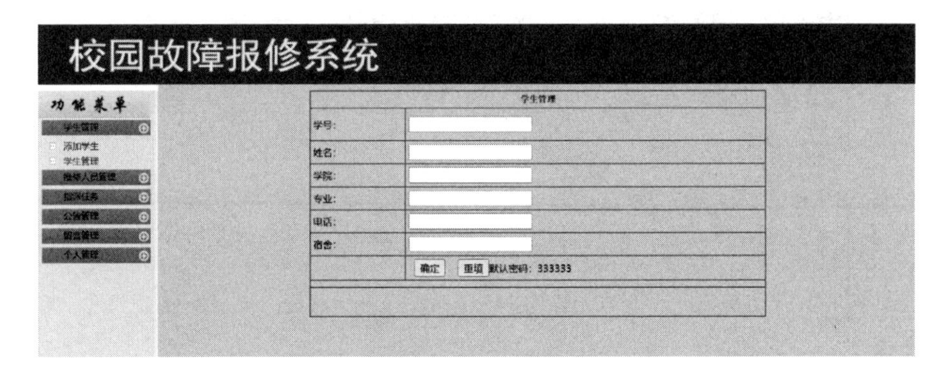

图 6-5　添加学生界面

校园故障报修系统

功能菜单

学生管理

维修人员管理

添加维修人员

维修管理

指派任务

公告管理

留言管理

个人管理

维修管理

编号：

姓名：

工种：

地址：

电话号码：

确定　重填　默认密码：333333

图 6-6　添加维修人员界面

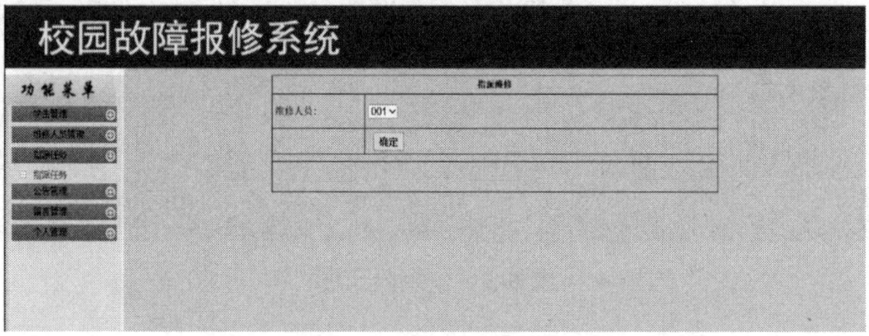

校园故障报修系统

功能菜单

学生管理

维修人员管理

指派任务

指派任务

公告管理

留言管理

个人管理

指派维修

维修人员：　001

确定

图 6-7　指派任务界面

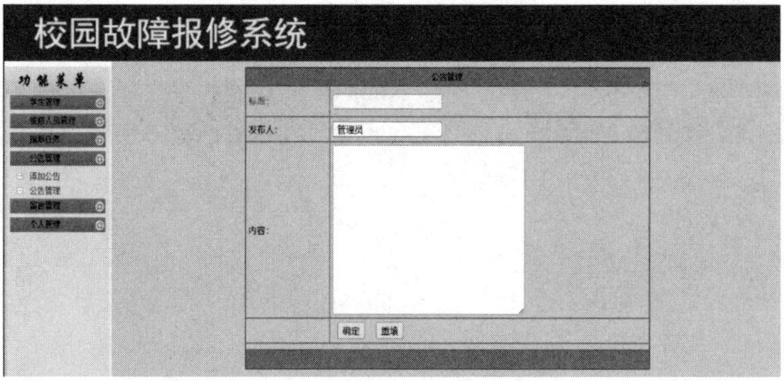

校园故障报修系统

功能菜单

学生管理

维修人员管理

指派任务

公告管理

添加公告

公告管理

留言管理

个人管理

公告管理

标题：

发布人：　管理员

内容：

确定　重填

图 6-8　发布公告界面

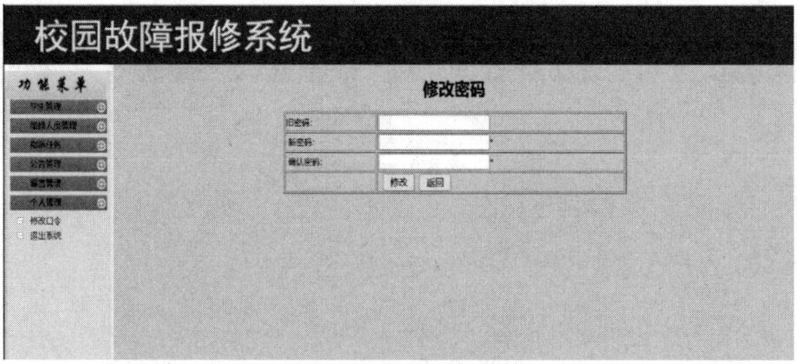

校园故障报修系统

功能菜单

学生管理

维修人员管理

指派任务

公告管理

留言管理

个人管理

修改口令

退出系统

修改密码

旧密码：

新密码：*

确认密码：*

修改　返回

图 6-9　修改密码界面

学生操作界面的设计：添加报修、留言管理、查看公告、修改密码功能。其界面如图6-10至图6-14所示。

图6-10　学生操作主界面

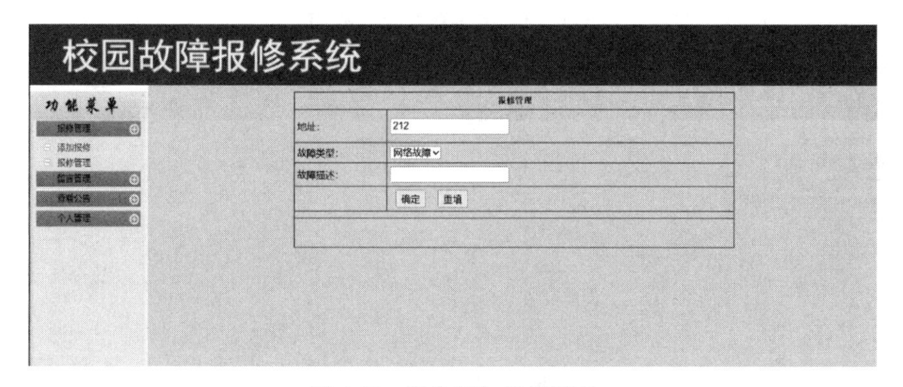

图6-11　学生添加报修界面

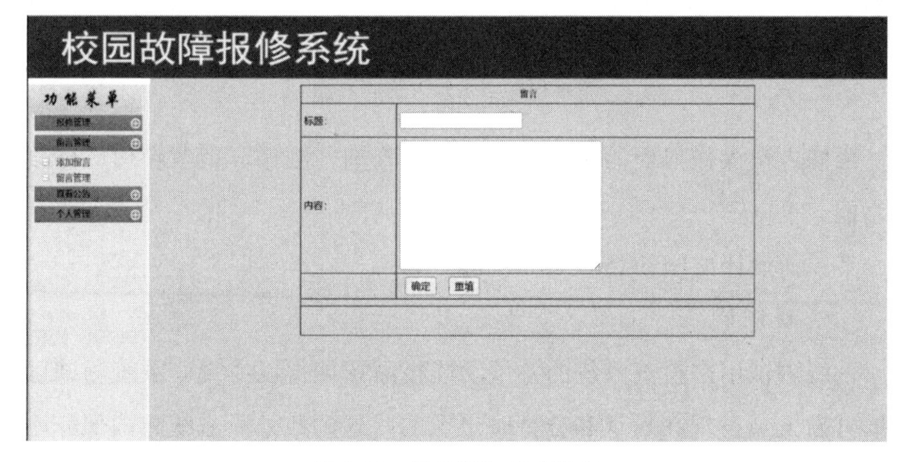

图6-12　学生添加留言界面

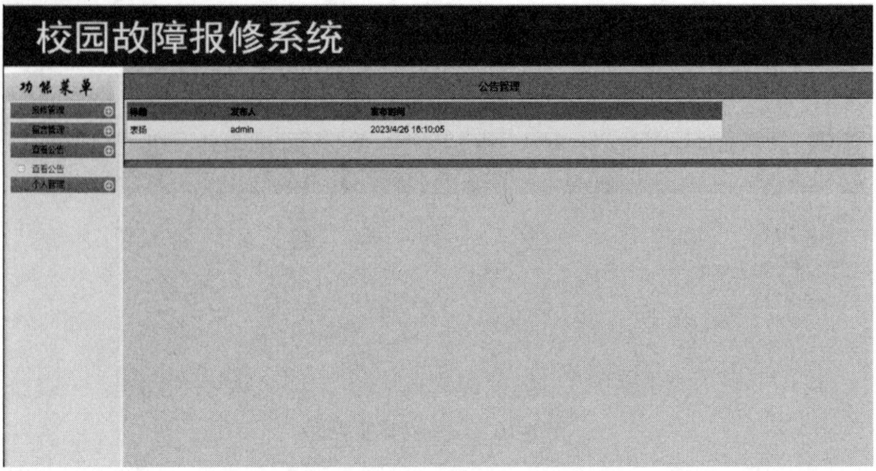

图 6-13　学生查看公告界面

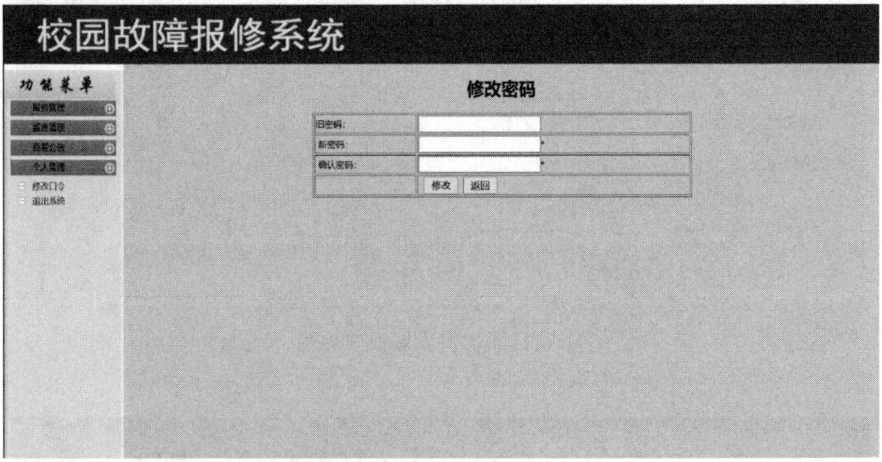

图 6-14　学生修改密码界面

维修人员操作界面的设计：维修状态查询、维修、留言管理、修改密码功能。

其界面设计如图 6-15 至图 6-16 所示。

5. 系统测试

系统测试用来检查系统的各项功能按照预期得以实现。系统测试可以帮助开发人员发现在设计和分析时出现的问题，此外，系统测试部分还可以测试系统目前的功能的完整度，以便于更好地满足用户的需求。

图 6-15　维修人员主界面设计

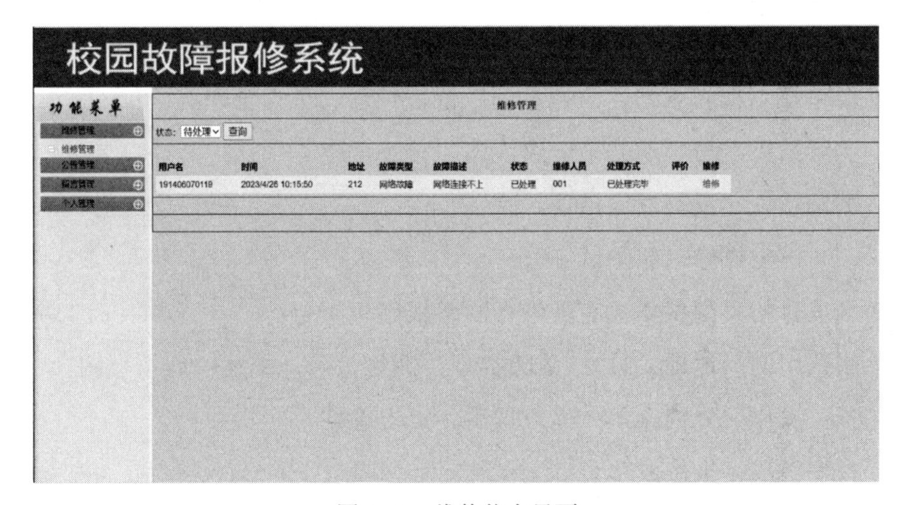

图 6-16　维修状态界面

（1）登录模块的测试

该模块的界面如图 6-17 所示。

测试目的：测试能否正常登录。

测试用例：账号=“admin”，密码=“admin”，角色=“管理员”。

账号=“191406070119”，密码=“333333”，角色=“学生”。

账号=“001”，密码=“333333”，角色=“维修人员”。

执行操作：分别输入上述三组数据后，点击登录按钮。

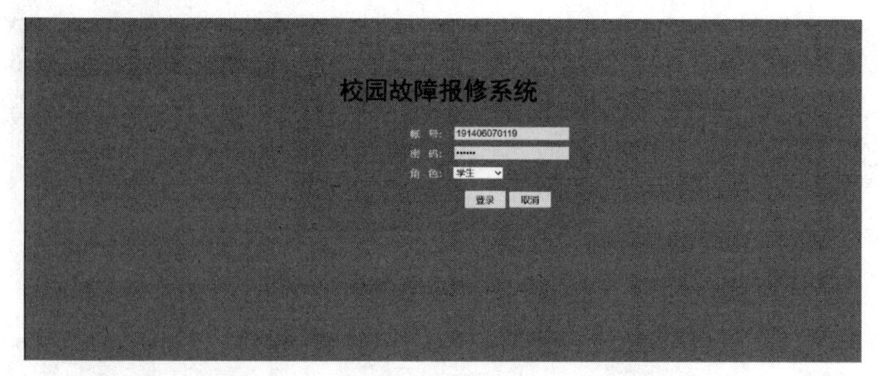

图 6-17　登录模块

预期结果：输入第一组数据，功能菜单显示学生管理、维修人员管理、指派任务、公告管理、留言管理、个人管理。输入第二组数据，功能菜单界面显示报修管理、公告管理、留言管理、个人管理。输入第三组数据后，功能菜单显示维修管理、公告管理、留言管理、个人管理。

实际结果：与预期结果一致。

测试结论：没有发现错误。

（2）学生报修功能测试

测试目的：测试学生能否进行网络报修。

测试用例：地址：213；故障类型：网络故障；描述：连不上网。

执行操作：分别输入上述数据后，点击确定。

预期结果：报修成功。

实际结果如图 6-18 至图 6-19 所示：

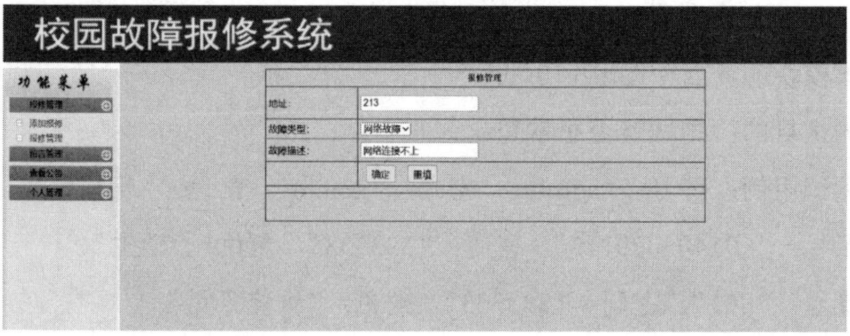

图 6-18　报修申请

图 6-19　报修成功

测试结论：没有发现错误。

（3）管理员指派任务测试

测试目的：测试管理员能否进行网络报修任务的分配。

执行操作：查询是否有待处理状态的任务，如有，则分配给网络维修员。

预期结果：任务指派成功。

实际结果如图 6-20 至图 6-21 所示：

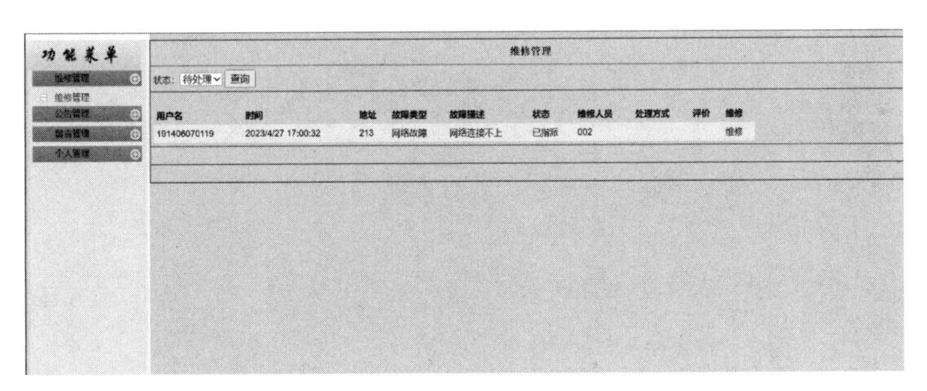

图 6-20　指派任务单

测试结论：没有发现错误。

（4）维修人员接收任务测试

测试目的：测试维修人员是否能接收到任务并且完成任务后能否提交维修状态。

执行操作：查询是否有待处理状态的任务，如有，则维修完成后，是否能更新处理结果。

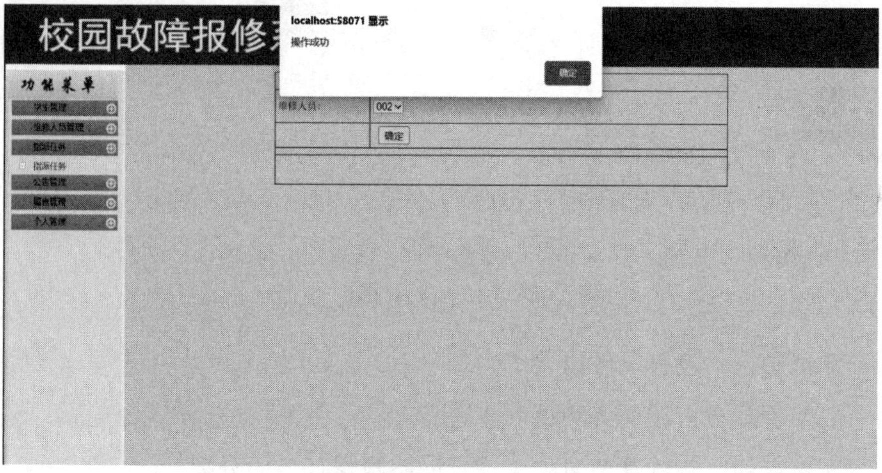

图 6-21　指派成功

预期结果：成功查询到待处理事件并且维修结束后能及时更新维修结果。

实际结果如图 6-22 至图 6-23 所示：

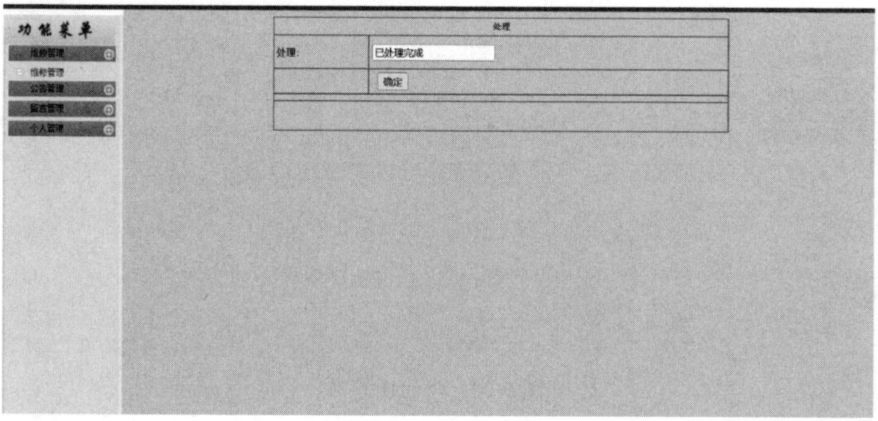

图 6-22　处理结果上报

测试结论：没有发现错误。

从测试结果来看，校园故障报修系统基本能够满足用户的使用需求。本系统依据对高校校园故障报修的需求分析，设计了适合网络中心使用的报修系统，以故障管理员的需求为主，以用户的报修需求和维修人员的维

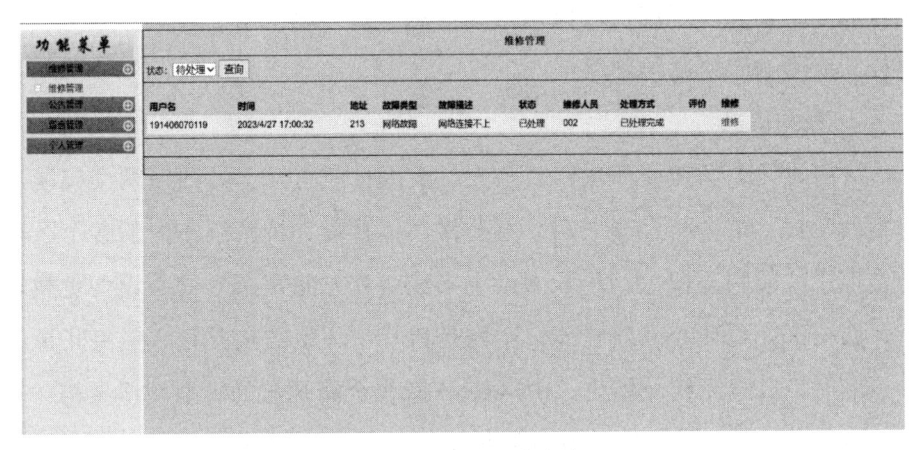

图 6-23　处理订单查询

修需求为辅，通过对各类用户的业务分析，完成需求分析和功能模块设计，保证了系统开发的实用性和可靠性。从运行测试情况看，借助故障报修系统完成维修业务处理，可以提高工作效率。

二、基于报修系统的网络优化

校园网络故障报修系统是用户报修校园网故障的平台，为网络中心工作人员及时掌握网络故障情况，精准定位网络问题，优化网络服务提供了一个良好的信息获取途径。

校园网络故障报修系统不仅能够便捷地获得用户使用校园网的反馈，及时影响用户的服务请求，快速处理即时的网络故障。通过对一段时期报修数据的分析，也能够帮助网络维护人员，主动做整体的网络优化。下面介绍利用河南科技大学网络故障报修系统平台数据，优化校园网络的尝试。把校园网络故障报修系统中近一年的报修数据通过图表形式呈现，探究了校园网建设现存不足，在此基础上提出针对性的校园网优化方法。校园网优化方法涉及多个方面：引入 10G EPON 等光网络技术，提高校园网网速；对老旧设备维修，改善通信延迟；对 AP 部署进行调整，增强校园网信号；规范安全制度、优化防火墙技术、推广安全教育，提高校园网安全性；优化报修系统功能，提高对校园网故障信息的敏感度；增加服务器数量，使得校园应用响应速度得到保证。

1. 基本情况

河南科技大学在校师生四万余人，校区目前有开元、西苑两个校区，包括教学楼、宿舍楼、图书馆、办公楼、体育场、校医院在内的各个区域都实现了校园网全覆盖。校园网络主干线路双万兆冗余，核心设备负载均衡，四校区万兆环状高速互连，全网是树状、环状结构并存、链路冗余、多点辐射、有线无线一体化、IPv4/IPv6 双栈全面开放的新型网络架构。

河南科技大学现行校园网网络拓扑图，如图 6-24 所示。

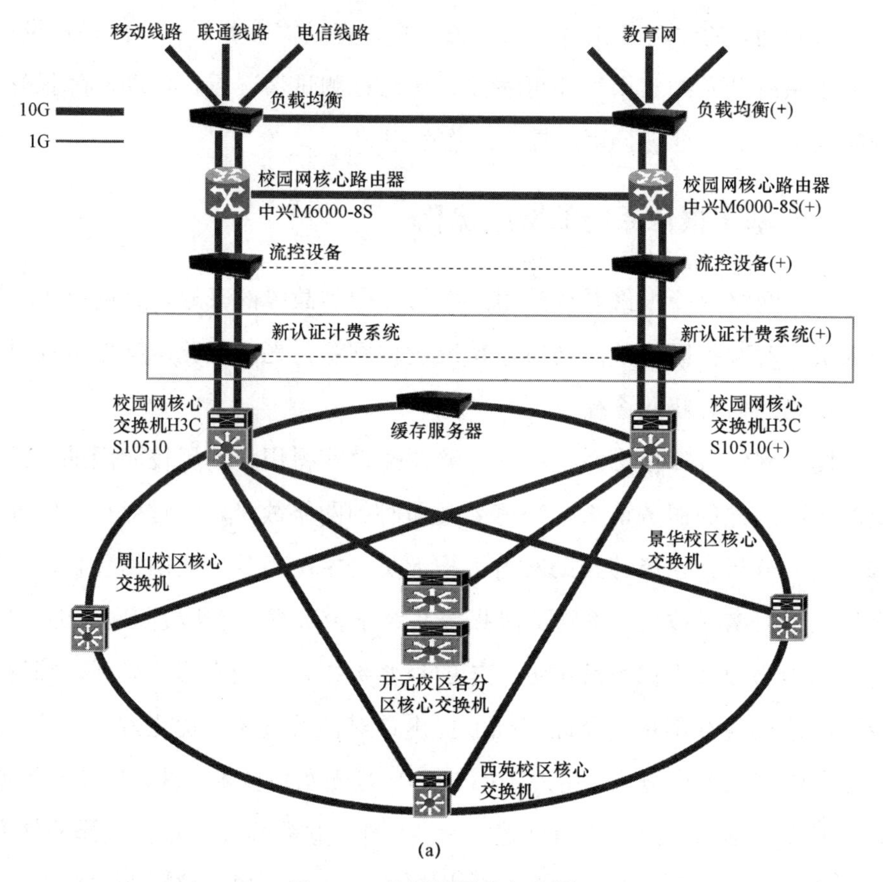

(a)

图 6-24 校园网网络拓扑图

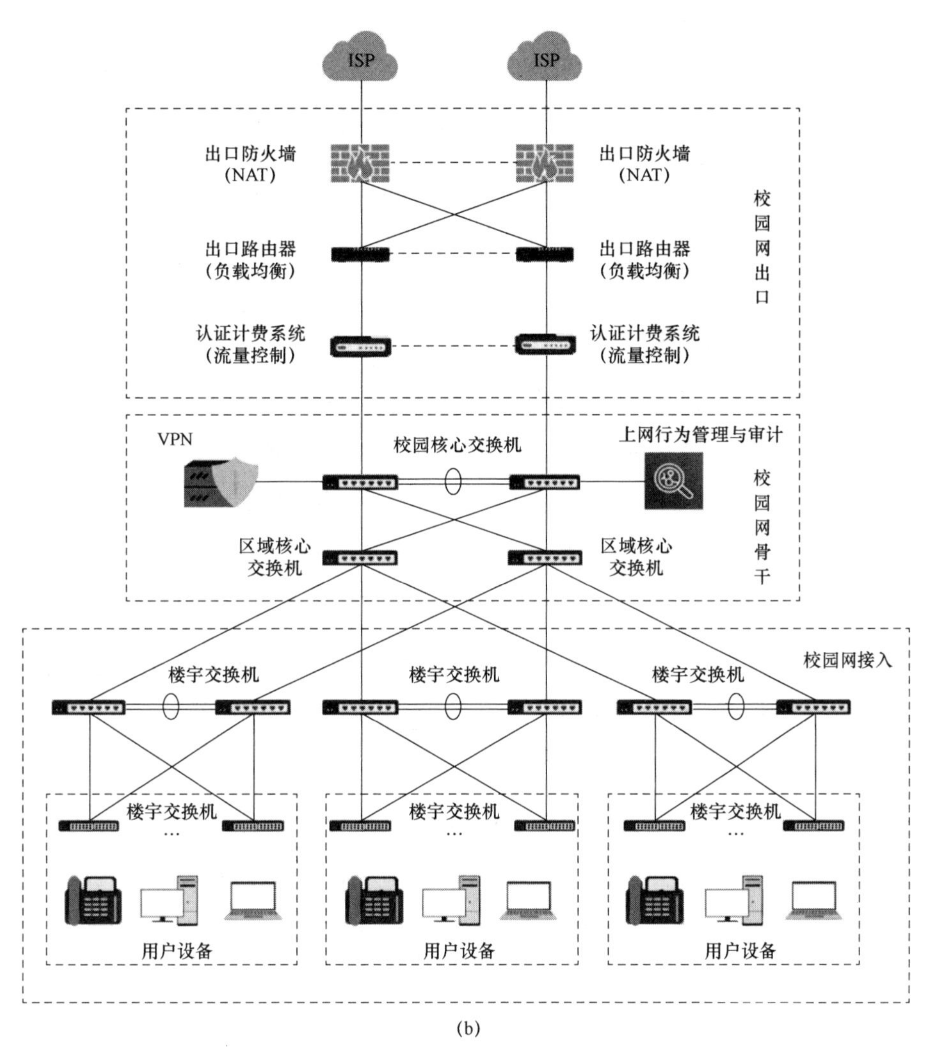

(b)

图 6-24　校园网网络拓扑图（续）

现行校园网特点可以概括为以下几个方面：

（1）传输数据量大

原本学校中教职工、学生数量就已经极为庞大，再加上流动在校园内部的公共管理体系中的用户，与此同时用户个人还拥有多个电子设备，所以校园网中用户数量和终端数量都是巨大的，而由此产生数据传输量自然也是相当巨大。

（2）覆盖范围广

河南科技大学四个校区，最新建成的开元校区总占地面积 3 416 亩，校区面积扩大，为满足用户的使用需求校园网的覆盖范围非常广，每个宿舍楼都有上千的信息点，无论是在室内还是室外均可以接入校园网，用户用网需求得到满足。

（3）信息结构多样性

校园网覆盖范围包含宿舍楼、办公楼、教学楼、家属公寓等，但是由于用户身份不同对于网络的要求有所不同，安全策略也不相同，比如办公楼所需要的网络安全级别要求较高，数据安全极为重要，而在家属区用户则更需要较高的网速，不同类型的数据对网络传输有不同的质量需求，所以校园网中的信息结构具有多样性。

（4）易于管理

设备管理方面，校园网面积大、接入复杂，设备网管性强，方便对网络故障进行排除；在认证管理方面，学校对学生上网进行有效的控制和计费策略，保证了网络的利用率。

传统的校园报修流程是由管理员手动记录，将记录信息进行存档供后期总结报修工作使用，信息的杂乱无章让网上报修信息的数据管理分析等工作的开展相当困难，管理人员的工作量也很大，人力物力资源浪费严重，维修人员通过查看纸质报修表单了解故障区域等详细信息，报修单处理周期长，效率低。

校园网络故障报修系统开始提供基于移动应用的报修服务，具有更完备的功能和智能化水平，诸如数据统计分析、进度监控、报修进度跟踪等。校园网络故障报修系统实现了网上报修的信息化管理，为广大师生提供了更加便捷的校园生活服务的同时，也将管理员从手写报修信息的繁琐工作中解放出来，减少中间环节，优化业务流程，提高了设施维修的整体效率和服务质量。报修数据准确性提高管理更为方便，数据的使用价值得到更好的体现，让管理人员可以更多地关注用户需求，为以后的报修系统发展

进步、适应未来形势提供条件。

2. 校园网络故障报修系统简介

校园网络故障报修系统结合传统报修模式与现代信息技术，使故障报修信息在网络使用人员、网络维修人员、网络管理人员三种角色之间实现高效传递，是可以加速校园网覆盖区域内设备故障处理进程的平台。

河南科技大学校园网络故障报修系统是供在校人员使用的一个网上报修管理平台，师生可以通过登录个人账号进行报修登记，实时关注报修进程，网络中心的管理维修人员通过师生提交的网络维修申请对于校园区域内随处会出现的网络问题进行监控追踪，及时发现并解决问题，而且可以根据历史维修记录进行数据分析，针对已经出现的问题进行总结从而更好地提供服务，对校园网的不断优化有重要意义。

校园网故障报修可以分为个人报修和电话报修两种途径。

（1）个人报修

用户通过手机端进行报修，需要安装我爱科大或企业微信 App，通过我爱科大网络信息智能服务功能输入个人联系电话、报修区域选择、报修问题描述、附件添加等信息后提交报修表单，完成报修，企业微信则需通过登录个人微信账号进入网上办事大厅选择网络信息智能服务功能进行报修。个人报修途径由用户个人填写可以让报修信息的准确性更有保障，并且不受管理人员工作时间限制，随时可以进行报修。

（2）电话报修

用户可以通过拨打网络信息中心电话进行报修，信息中心管理人员会通过 PC 端在线报修平台进行报修登记，根据用户提供的报修地址、个人联系方式等相关信息完成报修表单进行提交，并及时进行报修单分配。电话报修可以加速网络报修进程，如果遇到相对紧急的情况，信息中心管理人员可以及时将问题反馈给维修师傅。

3. 校园网络故障报修系统的功能

校园网络故障报修系统分为 3 个子系统，包括用户报修子系统、管理员子系统、维修员子系统，用户报修子系统有报修登记、查看报修进程、报修评价等模块，管理员子系统分为报修登记、报修工单管理、维修师傅管理、报修记录等模块，维修员子系统包括报修订单处理、个人信息管理、完工备注等模块，整个系统功能如图 6-25 所示。

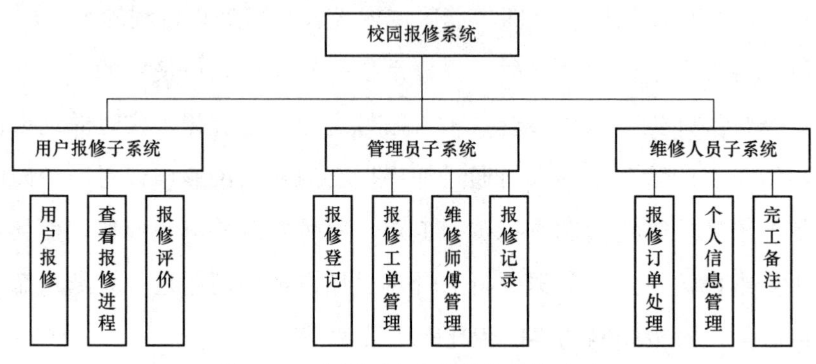

图 6-25　校园网络故障报修系统功能

（1）用户报修系统功能

主要是师生进行报修申请、查看、评价等操作，进行报修信息填写，提供个人联系方式及报修区域故障等信息，提交信息后可以查看维修进度、维修人员的分配情况等，故障解决后可以对维修服务进行评价。

（2）管理系统功能

网络管理员对系统信息进行相关管理操作，分为报修工单管理、维修师傅管理、校区管理、物品管理、区域管理、耗材管理、数据统计等，对系统信息进行维护的同时实现了对网络维修过程中的全面管理，将新提交工单根据区域信息分配给相对应的维修人员，对待处理工单进行实时监控跟踪，及时了解报修数据、报修处理情况，推进维修进程。

（3）维修员系统功能

主要是维修师傅对工单的查看、更新维修状态信息等操作，维修师傅根据系统上订单地址、备注信息直接去现场进行维修，对维修过程中的耗材、是否需要转工、完工备注等故障修复的信息进行填写上报。

校园网络故障报修系统实现了网络故障报修登记、故障问题分配、故

障解决进程、维修评价等功能。校园网用户可以通过企业微信、我爱科大App 上的后勤报修应用或致电网络信息中心对出现的网络问题进行详细描述，完成报修登记。网络管理人员监控报修登记信息并且依据校区划分将报修任务分配给网络维修人员。维修员登录系统即可根据收到的报修任务提醒根据报修单上的信息进行网络故障维修，并且及时提交维修单，完成对完工信息的备注，结束维修工作流程。

4. 数据分析

（1）数据来源

为了了解校园网现行状况、明确需求的优化方向，将报修系统中近一年（2022 年 3 月至 2023 年 3 月）的报修记录导出作为调查数据，导出数据中主要字段为故障描述、故障区域、详细地址、报修方式、报修备注，对进行数据可视化呈现从而重点了解师生在使用校园网过程中遇到的问题以及改进期望，通过和网络信息中心管理人员、用户的访谈了解报修系统使用感受以及优化建议。报修系统中导出的数据为 2 756 条，数据中包含的区域范围广，精确到不同的校区、宿舍楼、教学楼，故障描述详细，部分意见较为专业，针对不同问题也有相关建议，数据具有普遍性和真实性，通过对数据的清洗与分析，客观反映了现行校园网的问题与不足，为校园网优化指明方向。

（2）数据分析

原始数据信息需要进行数据清洗后才可以用来进行数据分析，但是此处选择源数据分类信息作为对照，以降低与实际情况存在的偏差。将无效信息（如后勤报修信息、对网络问题没有描述、单元格信息缺失等）进行手动删除，得到有效数据 843 条，首先对故障描述进行语言规范分类筛选，如将客户端升级、延迟、超时、跳转等问题统称为客户端认证问题，网络接口损坏、无效等统称为接口问题，最终进行计数筛选图表中呈现的是出现频次较高的问题，如图 6-26 所示。故障描述中较多的是有线网无法连接、连接上之后频繁断开、网口损坏严重或者网线损坏，有线网的故障问题占比接近 45%，偏向于硬件设施故障；无线网更多是关于信号较差、网速较慢、客户端认证的问题，占比不到百分之 40%，网络使用需求的反馈较多。经总结，校园网存在的问题集中表现为硬件设备急需更新维修，网络稳定性、速度、覆盖效果等方面急需提升。

同时对原数据中出现频次较少无法通过图表直接观察到，如停电后网络无法使用、宿舍区域网络不好、路由器损坏等特殊问题给予关注，在数据表中高亮显示，结合已有的研究经验确定问题的优化方向并给出优化建议。

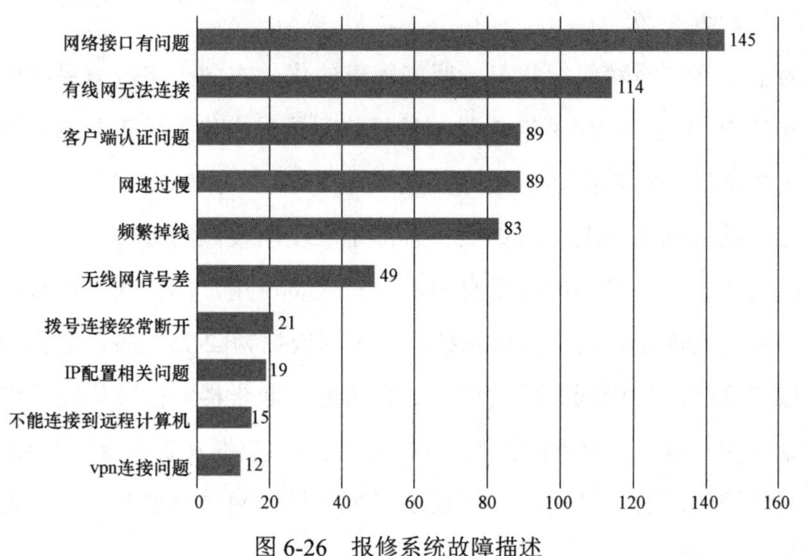

图 6-26　报修系统故障描述

把详细地址数据字段的内容格式统一编辑，以条形图呈现常有网络问题的区域，如图 6-27 所示。在故障片区中开元校区的乾园、菁园、嘉园宿舍楼出现校园网使用问题占总数的 60%以上，学生作为学校的主要群体，宿舍区域必然是上网时间冲突最明显、使用密度最高的地方，这也为校园网区域优化指明方向。

另外，对报修订单中的报修区域及详细地址通过数据透视图进行呈现，根据图（图 6-28，图 6-29）分析可以得出结论，开元校区的报修数据量达到 84%，开元校区有大部分的研究机构、教学学院、驻校机构、直属机构，学生、教职工人数都是相对较多的，人员密集度也会更高，所以校园网出

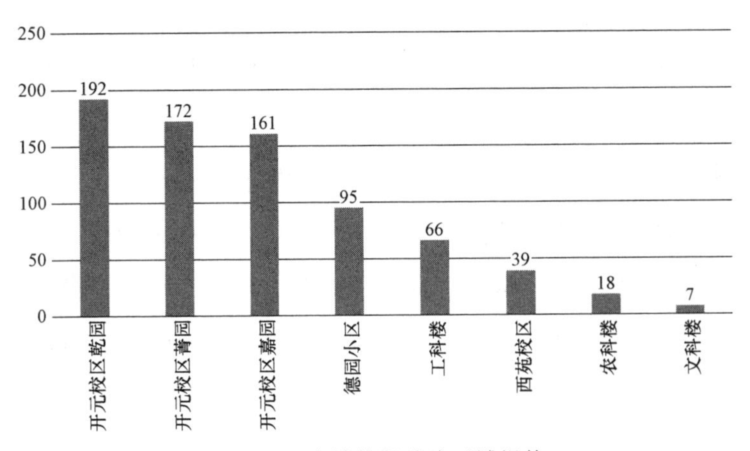

图 6-27 有效数据故障区域报修

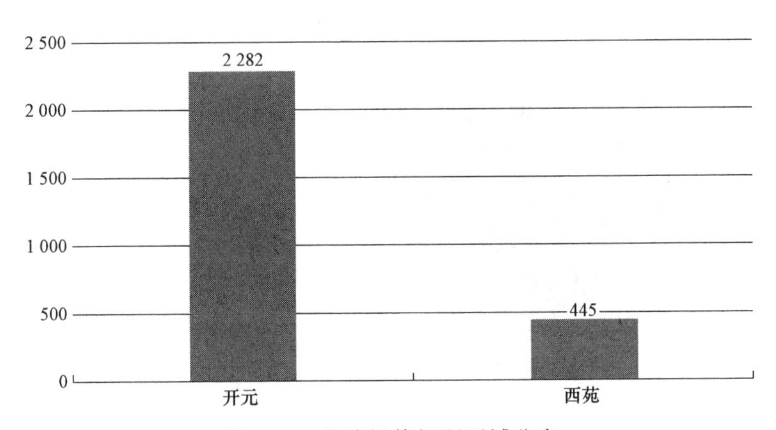

图 6-28 故障报修问题区域分布

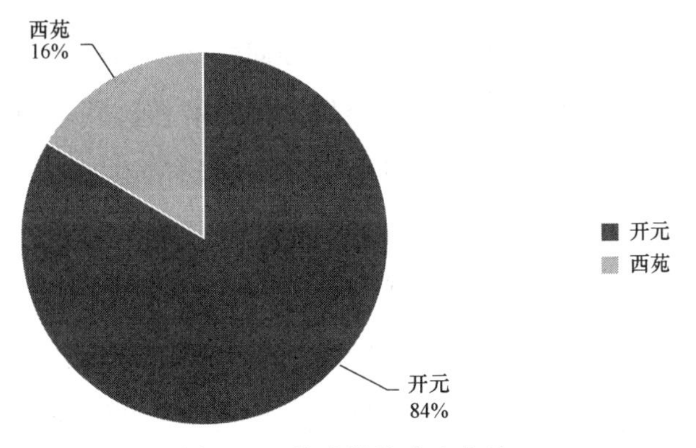

图 6-29 故障报修分布占比

现的问题最多符合实际情况，西苑校区故障占比接近 20%，因为校区建成时间较长，即便校区专业、在校人数不是很多网络故障问题也具有数量较大、类型复杂的特点。

对数据中的报修途径分类筛选，从扇形图（图 6-30）上可以明显看出电话报修占比高达 98%，用户更倾向于致电信息中心报修网络故障，我爱科大作为在校学生的必备软件，报修功能的使用频率却并不高，根据对管理人员和用户的访谈可以得到结论，用户对于报修功能所在具体位置并不清楚，管理人员表示在报修电话偏多时，由于时间紧迫不可避免会出现错误、遗漏的情况。

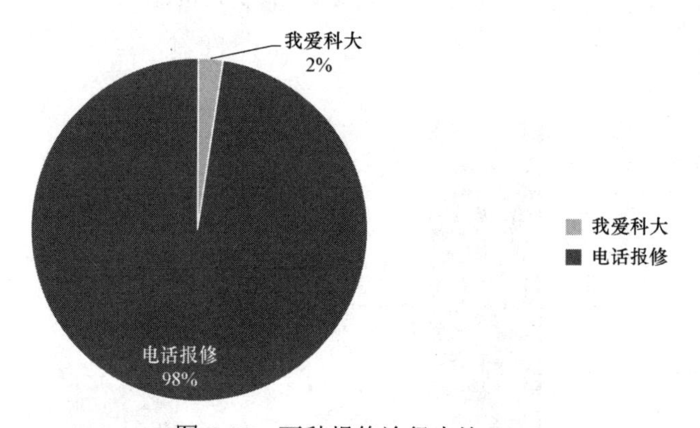

图 6-30　两种报修途径占比

（3）校园网存在的问题

◆ 网络硬件设备陈旧。在对数据的筛选中可以发现较多的报修人员反映网线接触不良、网线损坏、网口损坏等问题，虽然对于出现故障的设备可以得到及时维修，但是硬件水平会极大地影响校园网用户的体验，网络性能也不能得到完全的发挥。经过数十年的频繁使用设备老化、故障增多的问题不可忽视。

◆ 网速慢。校园网的使用人数多密度大，每个时段接入互联网的设备数量都很多，越来越多的应用基于网络使用，校园网承载用户使用数据的同时也承担校内监控、信息中心等设施运行数据，数据流量大，现有的网

络带宽无法满足用户使用需求，故障描述中较多强调网页打不开、网速慢到影响正常听课，在宿舍、教室、食堂这种人员密集的地方更是会直接导致网络堵塞，校园网应该具有更高的带宽用以满足用户的使用需求。

◆ 网络覆盖效果不好，无线信号不好频繁掉线。调查数据中无线网信号差的问题描述也不在少数，校园网覆盖范围广，不可避免地会出现覆盖盲区、覆盖品质差的问题，而且校园内不同的地点容量不同，对于高容量区域用户接入人数多的故障区域应当及时改进布局技术。

◆ 认证问题。频繁的认证、网络掉线重连、认证界面跳出异常、客户端显示超过限制人数使用是校园网用户普遍反映的问题，而且年龄较大的使用者对网络认证并不了解，忘记密码导致无法使用网络，几天时间校园网需要重新认证就会联系信息中心，认证的相关问题急需解决。

◆ 安全问题。网络安全问题关系到校园网能否正常运行，没有绝对安全的系统，网络技术升级的同时，恶意攻击有增无减，网络诈骗、不良信息传播等网络安全问题不断出现就有网络监控、维护不到位的部分原因，学校需要建立更加完善的网络安全方案，化被动抵御外来攻击为主动防御，时刻注意网络安全问题的防患，尽可能减少外部攻击造成的各方面损失。

（4）分析结论

综合调查情况来看河南科技大学校园网建设情况总体良好，故障报修问题不算频发，但是不同类型的故障问题所反映出的用户用网需求和校园网未来发展趋势不可小觑。校园网络故障报修系统整体上功能较为完备，可以满足用户使用需求，师生上报的网络故障都及时得到解决，对维修完工的评价也较好，实现了对系统信息和人力物力资源的有效管理，但是也存在一些需要优化的地方。通过对网络中心管理人员的访谈以及对调查分析结果进行总结概括可以得到基于报修系统的校园网优化需求。以报修系统的改进、校园网现存问题及用户需求为导向进行校园网优化，具体可以从网络结构优化、网络链路优化、网络信号优化、网络安全优化、网络管理优化、系统服务器优化六大方面展开。

5. 优化建议

（1）网络结构优化

河南科技大学网络应用的是传统的以太网三层架构，包括核心层、汇聚层和接入层，但是这种有源网络已经无法满足如今的用网需求，特别是在用网密度大的区域，已经出现了明显的网络吞吐性能瓶颈，如今迫切需要一种低成本利用已有资源以达到提高网络带宽目的的解决方案，而引入无源光纤网络（PON）技术则可以很好地满足以上需求。

“无源”便是指在光配线网中不包含任何有源电子器件或电子电源。无源光纤网络一种采用点到多点结构的单纤双向光接入网络，PON 系统由局端的光线路终端（OLT）、光分配网络（ODN）和用户侧的光网络单元（ONU）组成，为单纤双向系统。PON 技术经过 20 多年的发展已经产生多种产品，目前普遍使用的是较为成熟的 10G EPON 技术，10G EPON 技术的优点可以从三方面展开。首先，EPON 技术采用以太网帧结构，与传统以太网完美兼容，网络改造甚至可以建立在现有光纤数量下进行，改动与管理都较为方便。其次，10G EPON 是一种纯介质网络，在很大程度上可以避免来自其他设备的电磁干扰和雷电天气的影响，线路和设备发生故障的情况减少，系统可靠性得到有效提高。最重要的一点是这种技术可以提高网络的安全性、网络带宽，带给用户更好的网络使用体验，加上相比于传统以太网造价更低廉且与以太网天然兼容的特性，由此光网络技术接入可以作为校园网局部结构改造优化的一个优质选择。

对于校区内较为老旧的宿舍楼可以根据改造难度选择组网方式，如果改造难度较小，则可以采用光纤入户的组网方式，这种方式下的组网具有更高的安全性和带宽，可以更好地适应未来发展需求，如果布线较为复杂可以选用光纤到楼道的组网方式，这种情况下对于原有线路改动较小的同时也可以满足用户较高的用网需求。

（2）网络链路优化

网络链路优化是通过分析和调整网络链路来提高网络性能和可靠性的

过程，主要是解决由于链路质量不好而造成的通信延迟、丢包率高等问题，链路优化的关注对象包括校园内楼宇之间的室外通信光缆链路质量、设备之间互联线缆链路质量、楼内布线的铜缆链路质量等，为了实现网络链路优化，通常进行网络性能监控和测试发现链路质量问题。网络故障问题中时常出现网线损坏严重、水晶头需要更换等，所以定期检查链路状态可以有效减少问题，对于质量不好的链路及时更换线缆、水晶头等，根据调查结果可以得到链路优化重点区域是宿舍楼尤其是乾园、菁园。对于网速慢的问题可以通过增加整体接入链路的带宽，满足对校园网出口链路的需求。

增加流量控制器，随着校园网中应用种类越发繁多对于带宽的争抢问题不可忽视，但是居于重要地位的应用只占用较少量的带宽。解决问题较为合适的方案是部署专业流控设备，流控设备可以保障关键应用的稳定运行，为重要业务提供流畅的网络，限制无关业务的流量，优化带宽的使用。总体来说，对流量进行监控和分析是让整个网络高效化的重要环节，保障重要应用，限制非关键应用是流控设备的基本原则。

（3）网络信号优化

信号的质量是无线网络通信的基础，是直接影响用户网络使用体验的因素。网络信号优化需要结合校园网络建设的实际情况进行相关工作的开展，在校园网覆盖范围内用户密集的场所包括食堂、宿舍、教学楼，在用户密集的场所应当增加 AP 的安装，但如果安装过多就会产生邻频干扰，所以要尽可能做到 AP 覆盖区域之间没有区域重叠。根据不同区域的网络使用情况选择不同类型的 AP，可以在宿舍区域可以使用 AP 面板，宿舍建筑结构复杂，障碍多，网络应用多，AP 面板可以保障流畅的无线上网体验，在教学区域使用内置智能天线的放装 AP，穿透效果和覆盖效果较好，适合网络使用密度较大的区域，便于后期进行网络优化和故障排除。与此同时还需要优化信道和强度，在提高信号覆盖的同时避免产生相互干扰，必要时应对同信道的 AP 功率进行适当的调整，以保证客户端在一个位置可见的同信道较强信号的 AP 只有一个，还同时能够满足信号强度的要求。在宿舍楼层之间的 AP 使用应当更加关注信号的穿透强度，对于室外一些地方信号不是很强，例如湖边、嘉园操场的角落，可以使用室外大功率无线 AP 设备，因为这种场景下网络使用密度不是很大，信号不好更多是由于树木或者较高建筑的遮挡，采用这种 AP 类型可以实现大范围的信号覆盖和多障碍穿透，有效提升信号强度。

（4）网络安全优化

如今，网络攻击趋利性增强、顽固性增加，病毒传播的趋利性日益突出、病毒的反杀能力不断增强，攻击者需要的技术水平逐渐降低，手段更加灵活，联合攻击急剧增多，但是有效网络安全设备缺少、网络病毒、软件本身存在漏洞、师生安全意识薄弱，让校园无时无刻不处于网络安全的危机中，网络的开放性让不法分子有大量的可乘之机，因此，加强网络安全管理是必要的，而且刻不容缓。

◆ 防火墙优化

防火墙是建立在内网与外网之间的网络安全系统，本质上是一种隔离技术，将内网与外网隔离开，限制人与数据的接入，外部与内部交流需要通过防火墙，阻止外网不安全因素进入内网，同样内部人员想要访问外部网络也需要通过防火墙，可以有效防御外来不法攻击保护内网的信息安全，给用户提供更好的更安全的使用体验。可以通过设置防火墙日志记录功能记录所有安全事件和攻击，为分析人员提供详细信息，以便于及时检测和响应潜在的安全事件；定期升级和更新防火墙设备的软件和固件、审查确保防火墙规则和策略符合实际需求，确保其可以成功应对新的网络威胁；进行漏洞扫描和渗透测试，用以发现可能存在的安全漏洞并及时修复；配置入侵检测系统和入侵防御系统以及其他的安全设备，实时监控来自内外网的攻击行为并把相关信息传递给网络管理人员，增强网络的安全性。

◆ 网络安全教育推进

在校师生的日常生活与网络密不可分，但是大多网络安全意识薄弱，

提升安全意识对于校园网络安全的运行有重要意义。随意点击陌生邮件中的链接、在提示不安全的网站下载软件、U 盘直接插到电脑上、在不明网站上填写个人信息等行为都表现出大家的防范意识不强。

学校工作人员使用的电脑设备都有统一装配的杀毒软件，但是学生的个人设备安全性并不高。提高网络安全意识的第一步：安装正版的杀毒软件，杀毒软件可以对电脑进行实时病毒防护，具有主动防御、自动升级等功能。用户在平常使用后对个人电脑周期性病毒查杀，更新最新版本的病毒库，确保其可以抵御最新出现的病毒的攻击，提高网络运行的安全性；分类设置个人密码，需要设置个人密码的应用软件和场所很多，尽量避免全部使用一个密码并且定期修改个人密码，以免因为一个密码或者原密码外泄导致各方面都遭受严重的损失，并且拨号连接时尽量不要选择保存密码，虽然密码在系统中是加密存在的但是这种加密方式却并不安全，往往容易被黑客破解。学校也应当推进网络安全教育，对网络安全活动进行组织宣传，借助校园活动的开展切实提高师生的安全防范意识和实际防范技能，必要情况下也可以把简单网络安全维护知识拍摄实用短视频加入必修、选修课当中。同时也需要引导学生更新系统的补丁，版本较低的系统已经难以满足网络安全问题的修复功能，需要更新技术版本。

◆ 规范安全管理条例

管理的制度化极大程度地影响着整个网络的安全，严格的安全管理制度、明确的部门安全职责划分、合理的人员角色配置都可以在很大程度上降低其他层次的安全漏洞。安全管理条例对工作人员的行为有约束指引作用。通过对网络安全人员的职责、网络设备的规范操作和管理、紧急事件的处理等制定的网络安全管理政策，可以让网络安全管理人员明确个人职责与义务，在平常的安全管理中责任到人，与此同时网络安全也得到全面维护。高校应当及时对产品安全进行监测，并且建立专门的安全防护制度，将安全管理条例应用在更多的场景，如在机房管理中，管理条例应当明确安全管理人员工作流程与职责，安全管理人员应当准确识别准入者身份，做好准入者相关信息的记录，及时检查机房供配电系统、电脑机器的状态，保障机房信息安全。

（5）网络管理优化

网络管理优化主要从以下两方面进行。

◆ 报修系统优化

在系统功能优化上，需求分析的过程中明显可以发现数据散乱，故障描述数据不存在参考价值，还有部分数据缺失不完整、归属后勤报修的误报、重复提交报修信息等问题，校园网络故障报修系统可以对故障描述、详细地址部分采取勾选具体问题的方式，将常见故障进行简单概括，如果没有合适的选项也可以填写其他，报修评价页面可以尝试再添加一个用户意见字段，意见采集更加准确，这样不仅可以减轻数据分析人员的工作量，而且数据对于优化需求的指向也更加明确，系统的数据价值得到更好的发挥。

在人员调度优化上，通过对报修故障的描述和对用户、信息中心人员的访谈可以发现有些网络故障的解决并不存在绝对的专业性，所以可以在报修系统上设置一个常见问题解决专栏，由维修师傅对专栏列表进行编辑管理，将专业术语尽可能转换为通俗易懂的语句对问题解决步骤以图文形式进行详细叙述。问题专栏设置在报修功能的首页，在用户进行报修信息填写前可以通过常见问题解决专栏检索尝试解决问题，然后根据个人情况再决定是否继续报修。专栏的开设既可以提高问题的解决效率，给急用网络的用户提供一种全新的故障解决方式，又可以有效提高维修人员的工作效率，用于解决同样的问题的时间得到减少，在不同的故障区域之间奔走的频率也会有所降低，可以将更多的时间用于个人技能提升上，对于新问题的适应性也会提高。

在系统推广优化上，根据访谈网络信息中心管理人员了解到报修电话多的时候一天可以达到 130 个以上，特别是在开学季、大规模停电的情况下，平均每五分钟就会有一个报修信息需要录入，这种情况下管理人员录

入的报修信息的正确性、报修订单分配的及时性都是无法得到保障的，通过对报修途径的分析可以发现绝大多数师生在遇到问题时还是更多选择电话报修，使用我爱科大报修的寥寥无几，所以学校需要加大对个人报修途径的宣传推广，在弹出的网络认证界面上加入我爱科大报修流程。个人途径报修可以更大程度上保证信息的准确性，报修效率也会有所提高。

在管理优化上，需要组织培训提高管理人员的理论知识技能和应用软件熟悉度，管理技能是管理者完成工作所必需的能力，对于不同的管理者要求掌握的管理技能程度也不一样。管理人员在接听报修电话时不免遇到专业术语问题咨询、应用功能使用的情况，管理人员应当具备可以听懂简单术语并给出回应、了解软件应用中功能操作的专业素质，而在能力提升方面最直接有效的方法就是集中展开培训，通过技能培训管理人员也可以更加熟练地应对工作内容。

◆ 认证管理优化

为保障校园网络安全、实现用户的统一管理，对校园网接入人员提供统一的身份认证，并且认证系统可以满足校园网多种类型的接入需求，如无线网接入、有线客户端接入、教师接入、学生接入，方便网络管理。当我们打开计算机认证接入就已经开始了，不经过个人账号密码的登录就无法访问网络，填写完账号密码确认登录后无线终端的 MAC 地址与接入用户会进行关联，等终端再次接入网络时系统会自动进行 Portal 认证，用户可以获取无感知接入网络的体验，经过信息中心改良后三天自动断开需要重新登录绑定，不需要频繁地进行网络认证登录。但是从调查结果来看，认证登录断开次数频繁，所以首先需要对认证系统进行优化，增加单次认证的有效周期，减少重复进行认证的次数。

校园网对于每个账号接入的设备数量有限制，每个账号可以供一台移动设备进行认证接入校园网使用，报修故障中也常会出现显示登录设备数量超过两台网络不可使用，但是就实际情况而言，在校用户个人电子设备的数量平均近三个，所以允许认证接入的设备数量也应当根据实际情况给予改变的可能性。学校可以选择联合三家网络供应商根据用户个人需要接入的设备数量推出不同的校园网办理方案，采取多种收费标准从而优化认证管理，提高用户的满意度。

（6）服务器优化

随着数据量不断变大校园网对服务器的要求也越来越高，在出现诸如四级、六级研究生考试报名等需要集中使用网络的活动时，服务器就会非常拥挤，也就是经常显示的服务器访问请求失败，出现这种情况的原因是服务器负载过大，这种情况导致的后果就是会重要请求可能会被覆盖，所以改善高优先级请求的延迟性能很重要。通过对 Web 服务器响应的请求进行限定，给不同站点或页面的请求设置不同的优先级，提高 Web 服务器的响应速度。同时对于用户的访问请求可采用预先规定好的优先级别的 Web 响应服务。

诸如此类的问题还有应用响应缓慢、数据安全等。服务器的优化可以分为两个方面，一方面以现有服务器的访问需求和响应速度作为参考添加所需的服务器的数量类型，保持之前的布局的同时在适当的位置添加进新的服务器，减少升级改造的费用；另一方面可以通过软件技术优化服务器，如网络负载均衡技术，将多台服务器以对称的方式组成一个服务器的集合，将外部发送来的请求均匀分配到各个服务器上，由此可以提高服务器在访问高峰期的响应效率。最后，需要对数据库系统进行升级，为数据库系统配备容灾备份软件，实现对数据的实时监控，可以对想要时间段的数据进行备份，支持断电容灾，减少出现异常对数据库系统的冲击，提高数据的安全性、系统的可用性。

以报修系统信息作为依据，对近一年来的报修故障信息数据清洗后进行分析得到校园网现存不足以及用户的优化需求，结合已有的校园网优化研究经验和河南科技大学网络的实际情况，从结构、链路、信号、安全、管理、服务器六大方面提出优化方法。

 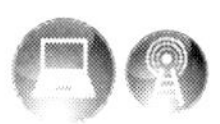

第三节　网络配置模拟实操训练

作为一名网络运维人员，除了要掌握计算机网络通信的基本原理和网络管理等基础理论知识，还应该熟练掌握交换机的常规配置技能。这里提供一个入门级的交换机配置训练科目，供读者参考，主要训练内容包括交换机更名、设置登录密码、划分 vlan、创建 IP 地址池、配置网关、跨交换机通信、动态路由、远程登录等。所有训练科目在华为网络模拟器 eNSP 中完成。

eNSP（Enterprise Network Simulation Platform）是一款由华为提供的免费的、可扩展的、图形化操作的网络仿真工具平台，主要对企业网路由器、交换机进行软件仿真，完美呈现真实设备实景，支持大型网络模拟，让广大华为技术爱好者有机会在没有真实设备的情况下能够模拟演练，学习网络技术。

一、安装 eNSP

eNSP 的正常使用依赖于 WinPcap、Wireshark 和 VirtualBox 三款软件，网络上有大量关于 eNSP 及配套软件的安装教程。这几个软件版本是笔者电脑上安装的：Wireshark-win64-4.0.7、WinPcap_4_1_3、VirtualBox-5.2.44-139111-Win。eNSP 软件自带的帮助文档提供了非常详细的使用说明，比如系统配置、设备配置、快速入门等。

二、交换机更名

实际网络运维工作中，为了清晰标示每个设备的位置或型号，需要把交换机或者路由器改成设计的名称，比如，工科核心“GongKeHeXin”，图书馆汇聚“TuShuGuanHuiJu”，图书馆 1 楼东接入“TuShuGuanF1Dong”，有些时候还会加上设备型号，比如文科核心 8502“WenKeHeXin8502”等。

1. 用到的配置命令

交换机更名用到配置命令，见表 6-7。

表 6-7 配置命令

序号	命令	示例	作用
1	ping	Ping 172.16.3.3	探测当前终端到 IP 为 172.16.3.3 的终端是否网络通。
2	system-view	<Huawei>system-view	进入系统视图
3	sysname	[Huawei]sysname S1	把交换机的名称从“Huawei”变更为“S1”
4	quit	[S1]quit	退出当前视图
5	save	<S1>save	保存配置（只能在用户视图中操作）
6	Tab 键		根据命令起始字符自动补全命令
7	?		查看当前视图中可用的命令

2. 操作步骤

这里以把交换机的默认名称“Huawei”改为“S1”为例来介绍。为了使 eNSP 操作界面上交换机的名称与其内部名称一致，把图标的名称“LSW1”也改为“S1”，操作步骤如下。

步骤 1：在 eNSP 工作界面中拖动图标构建如下网络拓扑图（图 6-31）。用到的图标有交换机 5700 、终端 、设备连线 。

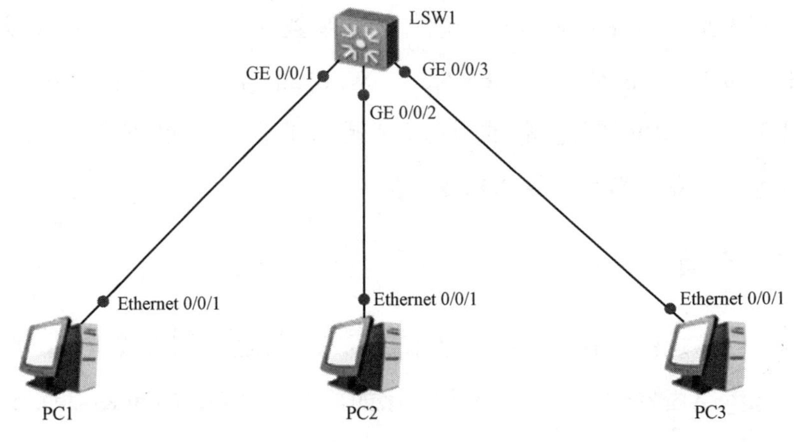

图 6-31 在 eNSP 工作界面中拖动图标构建网络拓扑图

步骤 2：点击并更改拓扑图中设备的名字如图 6-32 所示。

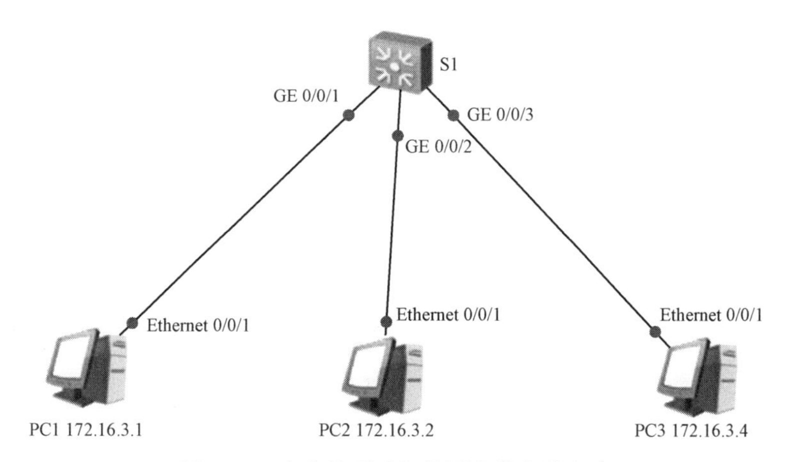

图 6-32　点击并更改拓扑图中设备的名字

点击 ▷ 启动设备，使得图 6-31 中的设备图标由深蓝色变为浅蓝色，表示设备已启动。

步骤 3：双击 PC 图标在基础配置中按图 6-33 配置 IP 地址。

PC1 172.16.3.1

基础配置　命令行　组播　UDP发包工具　串口

主机名：

MAC 地址：54-89-98-11-4E-71

IPv4 配置

静态　DHCP　自动获取 DNS 服务器地址

IP 地址：172 . 16 . 3 . 1　DNS1：0 . 0 . 0 . 0

子网掩码：255 . 255 . 255 . 0　DNS2：0 . 0 . 0 . 0

网关：172 . 16 . 3 . 254

IPv6 配置

静态　DHCPv6

IPv6 地址：::

前缀长度：128

IPv6 网关：::

应用

图 6-33　配置 IP 地址

3 台电脑分别配置 IP 地址、子网掩码和网关如下：

PC1：172.16.3.1

IP 地址：172.16.3.1

子网掩码：255.255.255.0

网关：172.16.3.254

PC2：172.16.3.2

IP 地址：172.16.3.2

子网掩码：255.255.255.0

网关：172.16.3.254

PC3：172.16.3.3

IP 地址：172.16.3.3

子网掩码：255.255.255.0

网关：172.16.3.254

配置完成后，点击“应用”按钮，关闭配置界面。

步骤 4：双击 PC 终端图标，进入命令行，如图 6-34 所示。

图 6-34　命令行界面

输入命令“ping 172.16.3.3”，按下回车键，效果如图 6-35 所示。表明当前电脑到 172.16.3.3 的网络是通的。

```
PC2 172.16.3.2
基础配置  命令行  组播  UDP发包工具  串口
Welcome to use PC Simulator!

PC>ping 172.16.3.3

Ping 172.16.3.3: 32 data bytes, Press Ctrl_C to break
From 172.16.3.3: bytes=32 seq=1 ttl=128 time=62 ms
From 172.16.3.3: bytes=32 seq=2 ttl=128 time=47 ms
From 172.16.3.3: bytes=32 seq=3 ttl=128 time=47 ms
From 172.16.3.3: bytes=32 seq=4 ttl=128 time=46 ms
From 172.16.3.3: bytes=32 seq=5 ttl=128 time=47 ms

--- 172.16.3.3 ping statistics ---
  5 packet(s) transmitted
  5 packet(s) received
  0.00% packet loss
  round-trip min/avg/max = 46/49/62 ms

PC>
```

图 6-35　执行 ping 命令

按照同样的操作 ping 172.16.3.1、172.16.3.4，看看效果。

步骤 5：双击交换机 S1，进入用户视图界面，如图 6-36 所示。

图 6-36　用户视图界面

步骤 6：输入 system-view 回车，进入系统视图，如图 6-37 所示。

```
<Huawei>sys
<Huawei>system-view
Enter system view, return user view with Ctrl+Z.
```

图 6-37　系统视图界面

步骤 7：输入 sysname S1，按回车键，交换机由 Huawei 更名为 S1，如图 6-38。

```
[Huawei]sysname S1
[S1]
Sep 27 2023 21:58:50-08:00 S1 DS/4/DATASYNC_CFGCHANGE:OID 1.3.6.1.4.1.2011.5.2
191.3.1 configurations have been changed. The current change number is 1, the
ange loop count is 0, and the maximum number of records is 4095.
[S1]
```

图 6-38　交换机更名为 S1

步骤 8：输入 quit 后单击回车键，回到用户视图

步骤 9：输入 save 后单击回车键，输入 y，再单击回车键，保存配置，如图 6-39 所示。

```
[S1]quit
<S1>save
The current configuration will be written to the device.
Are you sure to continue?[Y/N]y
Now saving the current configuration to the slot 0.
Sep 27 2023 22:00:35-08:00 S1 %%01CFM/4/SAVE(1)[0]:The user chose Y when decid
g whether to save the configuration to the device.
Save the configuration successfully.
<S1>
```

图 6-39　保存配置

步骤 10：输入 quit 回车，退出 S1 用户视图，如图 6-40 所示。

```
<S1>quit User interface con0 is available



Please Press ENTER.
```

图 6-40　退出用户视图

步骤 11：点击，停止设备。

步骤 12：点击保存或者另存为，退出。

操作提示：

① 回到用户视图，完成 save 操作，出现图 6-39 所示效果，表示改名成功。

② 仅仅点击保存（步骤 12），不能保存交换机内部配置。

三、配置登录密码并划分 VLAN

为了网络安全，需要为交换机配置登录密码，防止其他人修改网络配置，造成网络故障。

1. 用到的配置命令

本例用到配置命令见表 6-8。

表 6-8　配置命令

序号	命令	示例	作用
1	user-interface	user-interface console 0	进入用户的 consle 接口 0
2	authentication-mode	authentication-mode password	设置认证方式为密码认证
3	set authentication password	set authentication password cipher admin	设置登录密码为 admin，密文
4	display	display vlan	显示 vlan 信息
5	vlan	vlan 2	创建标识为 2 的 vlan
6	vlan	vlan batch 2 6 7	批量创建标识为 2、6、7 的 vlan
7	interface	interface GigabitEthernet 0/0/2	进入端口 GigabitEthernet 0/0/2
8	port link-type	port link-type access	配置端口工作模式为 access
9	port default vlan	port default vlan 2	将端口加入 vlan 2
10	port link-type	port link-type trunk	配置端口工作模式为 trunk
11	port trunk allow-pass vlan	port trunk allow-pass vlan all	trunk 端口允许所有 vlan 通过

2. 配置登录密码的操作步骤

这里以设置 console 串口登录密码为例介绍。

步骤 1：打开网络拓扑图，点击 ▷ 启动图中设备。

步骤 2：双击 S1，回车，打开如图 6-41 所示的命令配置界面（<S1>表示用户视图）。

```
S1
The current configuration will be written to the device.
Are you sure to continue?[Y/N]y
Info: Please input the file name ( *.cfg, *.zip ) [vrpcfg.zip]:
Sep 28 2023 10:47:25-08:00 S1 %%01CFM/4/SAVE(1)[2]:The user chose Y when decidi
g whether to save the configuration to the device.
Now saving the current configuration to the slot 0.
Save the configuration successfully.
<S1>quit User interface con0 is available



Please Press ENTER.

<S1>
Sep 28 2023 10:48:03-08:00 S1 %%01PHY/1/PHY(1)[0]:    GigabitEthernet0/0/3: cha
ge status to down
Sep 28 2023 10:48:04-08:00 S1 %%01PHY/1/PHY(1)[1]:    GigabitEthernet0/0/3: cha
ge status to up
<S1>
<S1>
<S1>
<S1>
<S1>
<S1>
```

图 6-41　命令配置界面

步骤 3：输入 system-view，回车。进入系统视图（[S1]表示用户视图），如图 6-42 所示。

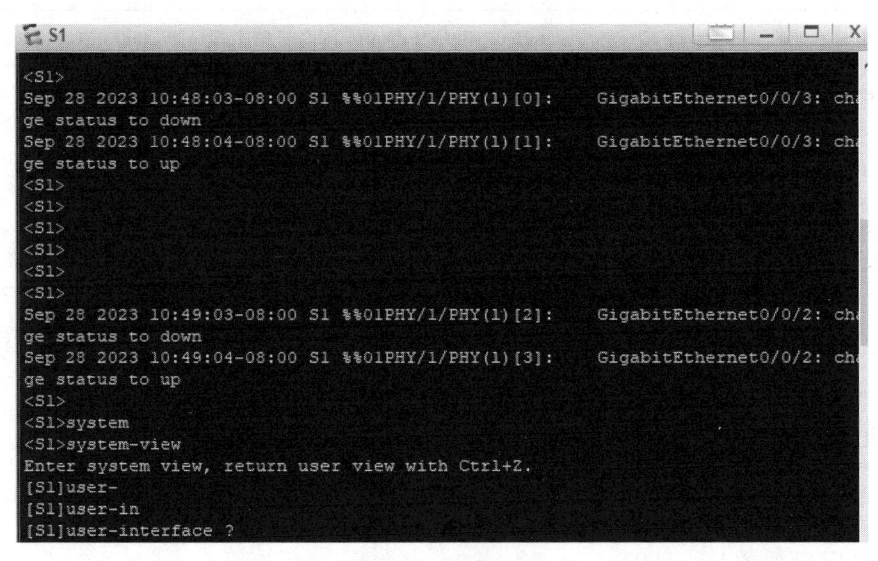

```
S1
<S1>
Sep 28 2023 10:48:03-08:00 S1 %%01PHY/1/PHY(1)[0]:    GigabitEthernet0/0/3: cha
ge status to down
Sep 28 2023 10:48:04-08:00 S1 %%01PHY/1/PHY(1)[1]:    GigabitEthernet0/0/3: cha
ge status to up
<S1>
<S1>
<S1>
<S1>
<S1>
<S1>
Sep 28 2023 10:49:03-08:00 S1 %%01PHY/1/PHY(1)[2]:    GigabitEthernet0/0/2: cha
ge status to down
Sep 28 2023 10:49:04-08:00 S1 %%01PHY/1/PHY(1)[3]:    GigabitEthernet0/0/2: cha
ge status to up
<S1>
<S1>system
<S1>system-view
Enter system view, return user view with Ctrl+Z.
[S1]user-
[S1]user-in
[S1]user-interface ?
```

图 6-42　系统视图

步骤 4：输入 user-interface console 0，回车。

步骤 5：输入 authentication-mode password，回车。

步骤 6：输入 set authentication password cipher admin，回车。

步骤 7：输入 quit，回车。

步骤 8：输入 quit，回车。回到交换机 S1 的用户视图。

步骤 9：输入 save，回车。

步骤 10：出现 Are you sure to continue?［Y/N］，输入 y，回车，如图 6-43 所示。

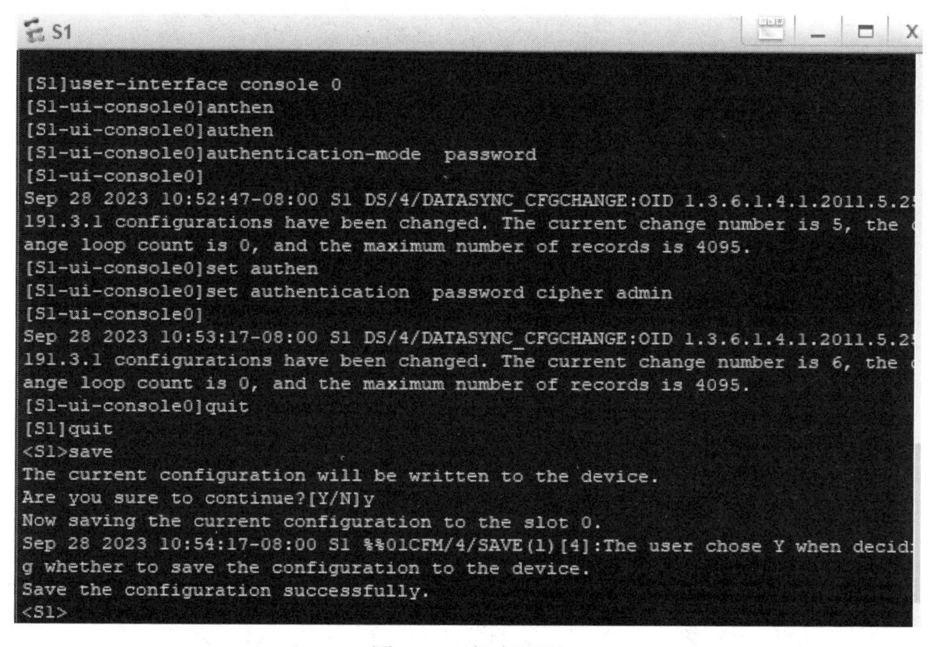

图 6-43　保存配置

步骤 11：输入 quit，回车。退出交换机 S1 的用户视图。

步骤 12：验证，双击 S1，回车，如图 6-44 所示，表示 Console 密码登录配置成功。

步骤 13：输入刚才配置的密码 admin，回车。出现用户视图如图 6-45

所示，表示密码验证通过。

```
S1
g whether to save the configuration to the device.
Save the configuration successfully.
<S1>
Sep 28 2023 10:54:55-08:00 S1 %%01PHY/1/PHY(1)[5]:
ge status to down
Sep 28 2023 10:54:56-08:00 S1 %%01PHY/1/PHY(1)[6]:
ge status to up
Sep 28 2023 10:56:49-08:00 S1 %%01PHY/1/PHY(1)[7]:
ge status to down
Sep 28 2023 10:56:50-08:00 S1 %%01PHY/1/PHY(1)[8]:
ge status to up
<S1>
<S1>quit User interface con0 is available



Please Press ENTER.


Login authentication


Password:
```

图 6-44　Console 密码登录配置成功

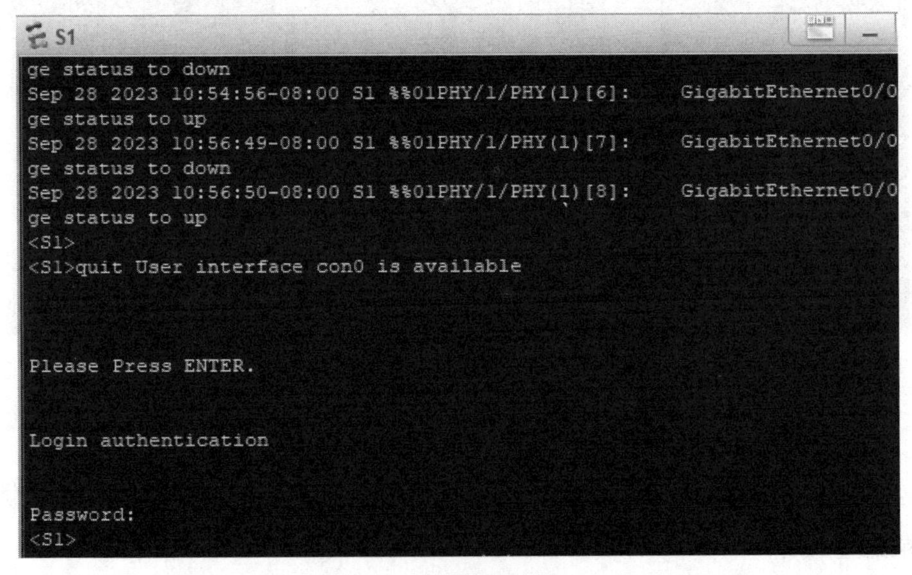

图 6-45　密码验证通过

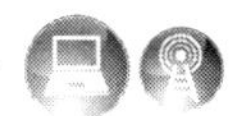

3. 划分虚拟局域网（vlan）的操作步骤

Vlan 的作用是把一台物理交换机的若干端口归到一组，构成一台虚拟交换机，把一台物理交换机“虚”为多台虚拟交换机，或者把多台物理交换机的若干接口归到一组，实现“多虚一”或者“多虚多”，实现物理交换机端口的数量扩展。

步骤 1：进入用户视图后，输入 display vlan。回车，查看交换机 S1 的 vlan 信息，如图 6-46 所示。VID 数值是 1，后面是交换机的端口 GE0/0/1 到 GE0/0/24，表示 24 个端口都属于 vlan1。可以互相通信。

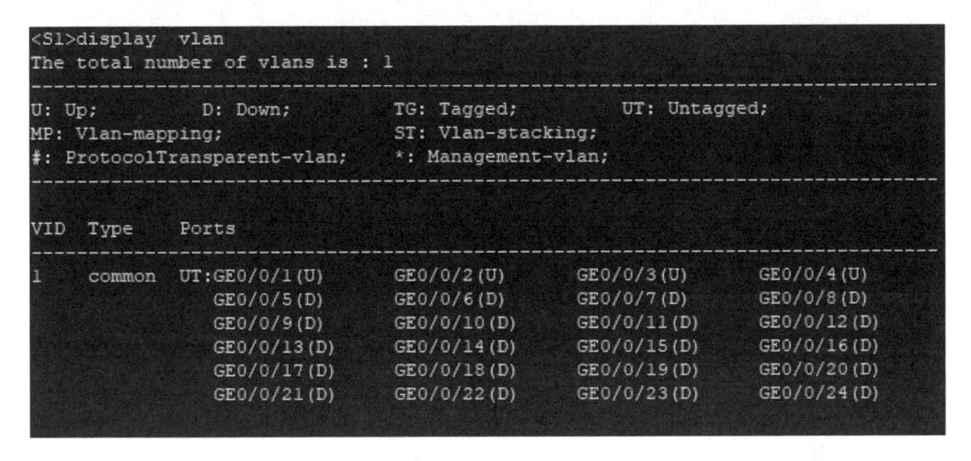

```
<S1>display  vlan
The total number of vlans is : 1
--------------------------------------------------------------------------------
U: Up;         D: Down;         TG: Tagged;         UT: Untagged;
MP: Vlan-mapping;               ST: Vlan-stacking;
#: ProtocolTransparent-vlan;    *: Management-vlan;
--------------------------------------------------------------------------------

VID  Type    Ports
--------------------------------------------------------------------------------
1    common  UT:GE0/0/1(U)      GE0/0/2(U)       GE0/0/3(U)       GE0/0/4(U)
                GE0/0/5(D)      GE0/0/6(D)       GE0/0/7(D)       GE0/0/8(D)
                GE0/0/9(D)      GE0/0/10(D)      GE0/0/11(D)      GE0/0/12(D)
                GE0/0/13(D)     GE0/0/14(D)      GE0/0/15(D)      GE0/0/16(D)
                GE0/0/17(D)     GE0/0/18(D)      GE0/0/19(D)      GE0/0/20(D)
                GE0/0/21(D)     GE0/0/22(D)      GE0/0/23(D)      GE0/0/24(D)
```

图 6-46　交换机 S1 的 vlan 信息

步骤 2：输入 system，回车，进入系统视图。

步骤 3：输入 vlan 2，回车，创建 vlan2 并进入 vlan2。

步骤 4：输入 quit，回车，退出 vlan2。

步骤 5：输入 vlan 3，回车，创建 vlan3 并进入 vlan3。

步骤 6：输入 quit，回车，退出 vlan3。

步骤 7：打开 PC2 172.16.3.2 的命令行，ping PC3 172.16.3.3，如图 6-47 所示，表示能正常通信。

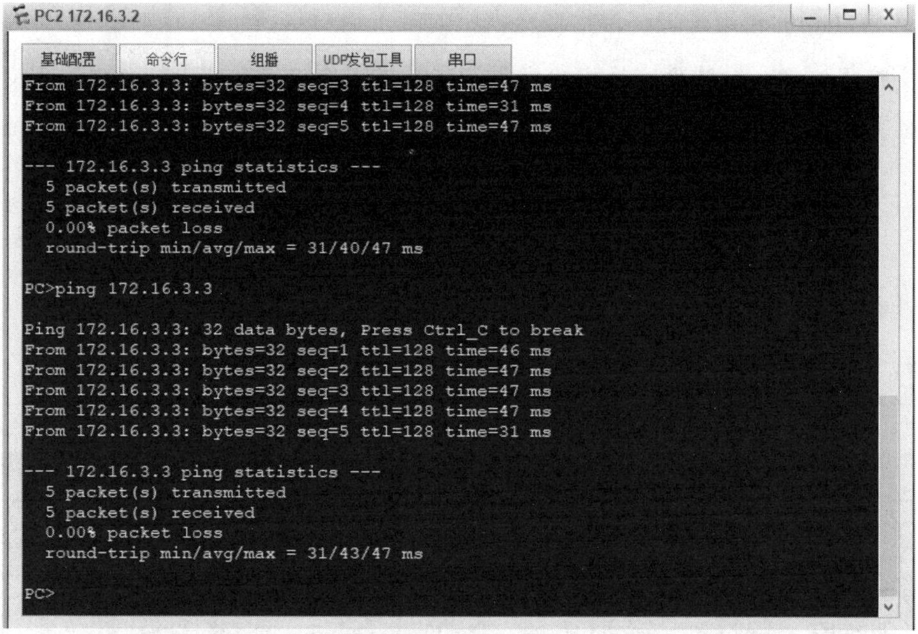

PC2 172.16.3.2

基础配置 命令行 组播 UDP发包工具 串口

```
From 172.16.3.3: bytes=32 seq=3 ttl=128 time=47 ms
From 172.16.3.3: bytes=32 seq=4 ttl=128 time=31 ms
From 172.16.3.3: bytes=32 seq=5 ttl=128 time=47 ms

--- 172.16.3.3 ping statistics ---
  5 packet(s) transmitted
  5 packet(s) received
  0.00% packet loss
  round-trip min/avg/max = 31/40/47 ms

PC>ping 172.16.3.3

Ping 172.16.3.3: 32 data bytes, Press Ctrl_C to break
From 172.16.3.3: bytes=32 seq=1 ttl=128 time=46 ms
From 172.16.3.3: bytes=32 seq=2 ttl=128 time=47 ms
From 172.16.3.3: bytes=32 seq=3 ttl=128 time=47 ms
From 172.16.3.3: bytes=32 seq=4 ttl=128 time=47 ms
From 172.16.3.3: bytes=32 seq=5 ttl=128 time=31 ms

--- 172.16.3.3 ping statistics ---
  5 packet(s) transmitted
  5 packet(s) received
  0.00% packet loss
  round-trip min/avg/max = 31/43/47 ms

PC>
```

图 6-47 执行 ping 命令

步骤 8：在交换机 S1 的系统界面继续操作，输入 interface GigabitEthernet 0/0/1 回车，进入端口 GE0/0/1。

步骤 9：输入 port link-type access 回车，配置该端口为 access 模式。

步骤 10：输入 port default vlan 2 回车，配置该端口属于 vlan 2。

步骤 11：输入 quit，回车，退出端口 GE0/0/1。

步骤 12：按同样的方法把端口 GE0/0/2 加入 vlan 2，端口 GE0/0/3 加入 vlan 3，端口 GE0/0/4 加入 vlan3，如图 6-48 所示。

步骤 13：输入 quit，回车，再次输入 quit，回车，回到用户视图，如图 6-49 所示。

步骤 14：输入 display vlan，回车，查看交换机 S1 的 vlan 信息，如图 6-50 所示。端口 GE0/0/1 和端口 GE0/0/2 加入了 vlan2，GE0/0/3 和端口 GE0/0/4 加入了 vlan3。

```
[S1]interface GigabitEthernet 0/0/2
[S1-GigabitEthernet0/0/2]port de
[S1-GigabitEthernet0/0/2]port link-type access
[S1-GigabitEthernet0/0/2]port def
[S1-GigabitEthernet0/0/2]port default vlan 2
Sep 28 2023 11:35:38-08:00 S1 DS/4/DATASYNC_CFGCHANGE:OID 1.3.6.1.4.1.2011.5.25.
191.3.1 configurations have been changed. The current change number is 11, the c
hange loop count is 0, and the maximum number of records is 4095.
[S1-GigabitEthernet0/0/2]
Sep 28 2023 11:35:48-08:00 S1 DS/4/DATASYNC_CFGCHANGE:OID 1.3.6.1.4.1.2011.5.25.
191.3.1 configurations have been changed. The current change number is 12, the c
hange loop count is 0, and the maximum number of records is 4095.
[S1-GigabitEthernet0/0/2]quit
[S1]interface GigabitEthernet 0/0/3
[S1-GigabitEthernet0/0/3]port link-type access
[S1-GigabitEthernet0/0/3]
Sep 28 2023 11:36:17-08:00 S1 %%01PHY/1/PHY(l)[30]:    GigabitEthernet0/0/3: cha
nge status to downinterface GigabitEthernet 0/0/3
Sep 28 2023 11:36:18-08:00 S1 %%01PHY/1/PHY(l)[31]:    GigabitEthernet0/0/3: cha
nge status to up
Sep 28 2023 11:36:18-08:00 S1 DS/4/DATASYNC_CFGCHANGE:OID 1.3.6.1.4.1.2011.5.25.
191.3.1 configurations have been changed. The current change number is 13, the c
hange loop count is 0, and the maximum number of records is 4095.
[S1-GigabitEthernet0/0/3]port default vlan 3
[S1-GigabitEthernet0/0/3]quit
[S1]interface GigabitEthernet 0/0/4
[S1-GigabitEthernet0/0/4]quit
Sep 28 2023 11:36:38-08:00 S1 DS/4/DATASYNC_CFGCHANGE:OID 1.3.6.1.4.1.2011.5.25.
191.3.1 configurations have been changed. The current change number is 14, the c
hange loop count is 0, and the maximum number of records is 4port default vlan 3


                                          ^
Error: Unrecognized command found at '^' position.
[S1-GigabitEthernet0/0/4]port link-type access
[S1-GigabitEthernet0/0/4]port default vlan 3
[S1-GigabitEthernet0/0/4]
Sep 28 2023 11:36:57-08:00 S1 %%01IFNET/4/IF_STATE(l)[32]:Interface Vlanif1 has
turned into DOWN state.
Sep 28 2023 11:36:58-08:00 S1 DS/4/DATASYNC_CFGCHANGE:OID 1.3.6.1.4.1.2011.5.25.
191.3.1 configurations have been changed. The current change number is 16, the c
hange loop count is 0, and the maximum number of records is 4095.
Sep 28 2023 11:36:59-08:00 S1 %%01PHY/1/PHY(l)[33]:    GigabitEthernet0/0/2: cha
nge status to down
Sep 28 2023 11:37:00-08:00 S1 %%01PHY/1/PHY(l)[34]:    GigabitEthernet0/0/2: cha
nge status to up
[S1-GigabitEthernet0/0/4]
[S1-GigabitEthernet0/0/4]quit
```

图 6-48　配置交换机 S1 的端口

```
[S1]quit
<S1>
```

图 6-49　执行 quit 命令

```
<S1>display vlan
The total number of vlans is : 3
--------------------------------------------------------------------------------
U: Up;         D: Down;         TG: Tagged;         UT: Untagged;
MP: Vlan-mapping;               ST: Vlan-stacking;
#: ProtocolTransparent-vlan;    *: Management-vlan;
--------------------------------------------------------------------------------

VID  Type    Ports
--------------------------------------------------------------------------------
1    common  UT:GE0/0/5(D)      GE0/0/6(D)      GE0/0/7(D)      GE0/0/8(D)
                GE0/0/9(D)      GE0/0/10(D)     GE0/0/11(D)     GE0/0/12(D)
                GE0/0/13(D)     GE0/0/14(D)     GE0/0/15(D)     GE0/0/16(D)
                GE0/0/17(D)     GE0/0/18(D)     GE0/0/19(D)     GE0/0/20(D)
                GE0/0/21(D)     GE0/0/22(D)     GE0/0/23(D)     GE0/0/24(D)

2    common  UT:GE0/0/1(U)      GE0/0/2(U)
3    common  UT:GE0/0/3(U)      GE0/0/4(U)

VID  Status  Property      MAC-LRN Statistics Description
--------------------------------------------------------------------------------
1    enable  default       enable  disable    VLAN 0001
2    enable  default       enable  disable    VLAN 0002
3    enable  default       enable  disable    VLAN 0003
<S1>
```

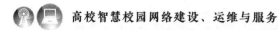

图 6-50　查看交换机 S1 的 vlan 信息

步骤 15：打开 PC2 172.16.3.2 的命令行，ping PC3 172.16.3.3，如图 6-51 所示，表示网络不通。

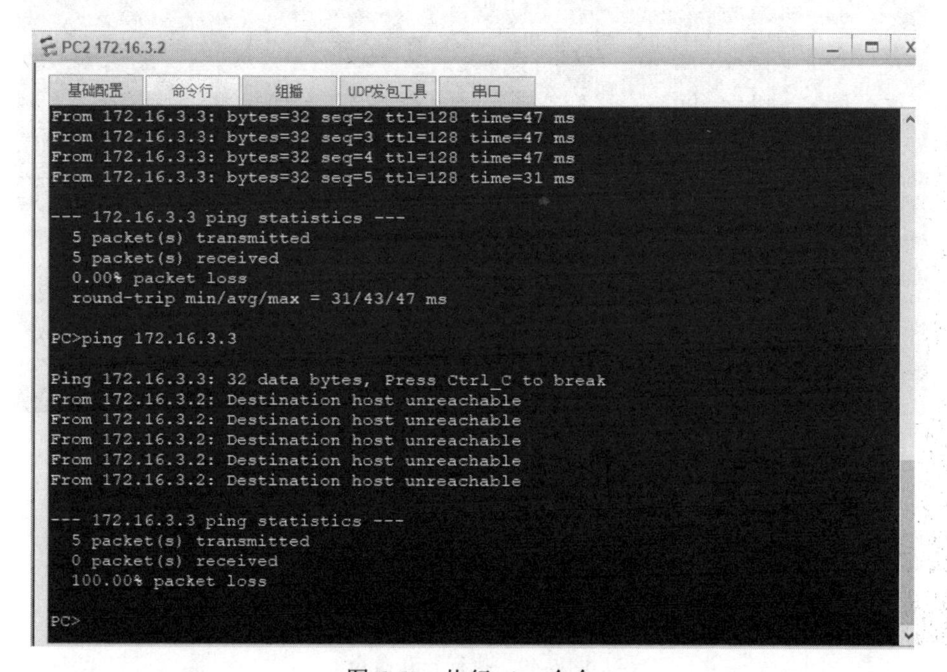

图 6-51　执行 ping 命令

步骤 16：在 PC2 172.16.3.2 的命令行，ping PC3 172.16.3.1，如图 6-52 所示，表示网络通。

```
PC2 172.16.3.2
基础配置 命令行 组播 UDP发包工具 串口
From 172.16.3.2: Destination host unreachable
From 172.16.3.2: Destination host unreachable
From 172.16.3.2: Destination host unreachable
From 172.16.3.2: Destination host unreachable

--- 172.16.3.3 ping statistics ---
  5 packet(s) transmitted
  0 packet(s) received
  100.00% packet loss

PC>ping 172.16.3.1

Ping 172.16.3.1: 32 data bytes, Press Ctrl_C to break
From 172.16.3.1: bytes=32 seq=1 ttl=128 time=47 ms
From 172.16.3.1: bytes=32 seq=2 ttl=128 time=31 ms
From 172.16.3.1: bytes=32 seq=3 ttl=128 time=47 ms
From 172.16.3.1: bytes=32 seq=4 ttl=128 time=47 ms
From 172.16.3.1: bytes=32 seq=5 ttl=128 time=31 ms

--- 172.16.3.1 ping statistics ---
  5 packet(s) transmitted
  5 packet(s) received
  0.00% packet loss
  round-trip min/avg/max = 31/40/47 ms

PC>
```

图 6-52　执行 ping 命令

【操作要点】

① 确定在交换机在合适的状态再操作，比如是否进入端口。

② 确定操作命令正确完成后，再进入下一步。

③ IP 地址输入要正确，避免出现把 172 写成 173 这样的错误。

④ 确定在用户视图完成 save 操作。

四、VLAN 扩展

交换机通常有 24 个物理接口，当遇到某实验室有 40 台电脑需要联网的情况，可以利用 vlan 技术，把两台物理交换机“虚”为一台交换机，实现 40 台电脑像连接在一台交换机上一样通信，如图 6-53 所示。

1. 用到的配置命令

本例用到配置命令见表 6-8。

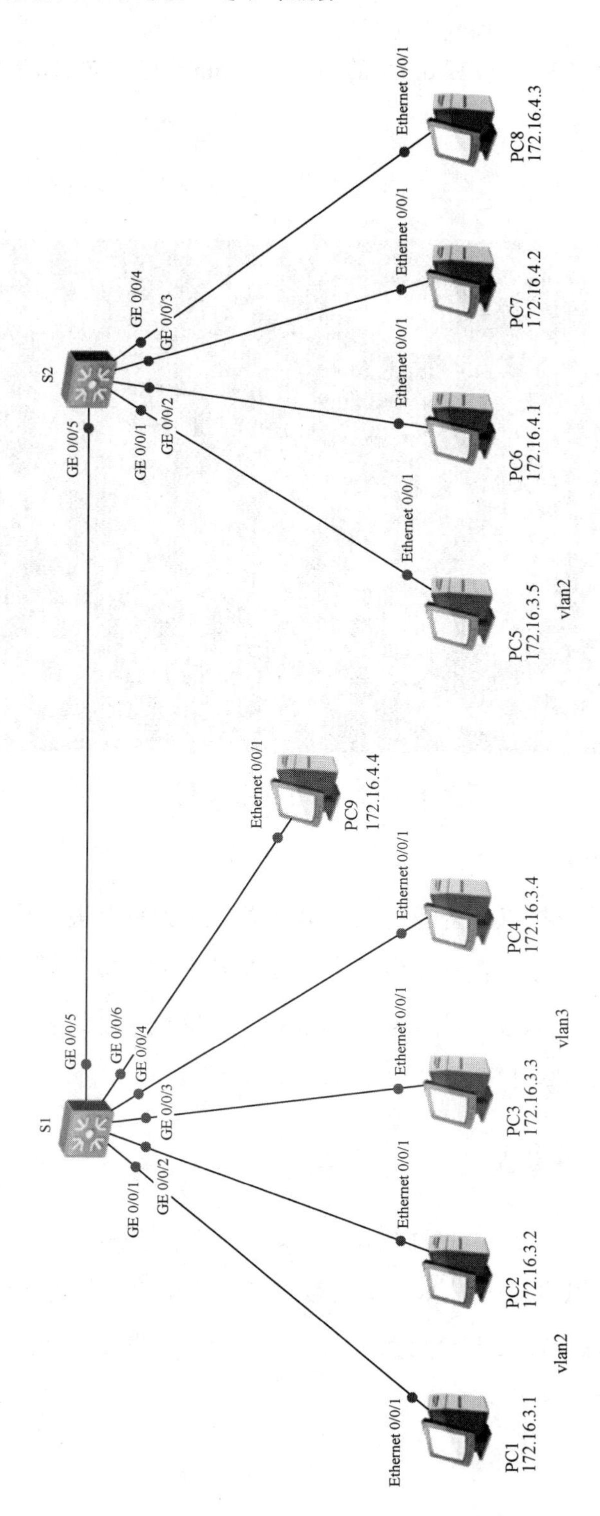

图 6-53 利用 vlan 实现跨交换机通信

2. 操作步骤

本次仅添加 9 台电脑，划分了 2 个 vlan，加上默认的 vlan1，一共 3 个 vlan，相当于把 2 台物理交换机“虚”为 3 台虚拟交换机。实现一台物理交换机上不同 vlan 的端口之间不能通信，两台物理交换机上相同 vlan 能够互相通信。

按同样的原理增加用户终端 PC 的数量，即可实现连接到不同物理交换机上面的 40 台电脑能互相通信。

步骤 1：网络拓扑如图 6-53 所示。

在交换机 S2 中创建 vlan2，把 GE0/0/1 的连接模式改为 access，默认 vlan 改为 vlan2。配置指令如图 6-54 所示。

```
[S2]interface GigabitEthernet 0/0/1
[S2-GigabitEthernet0/0/1]port link-type access
[S2-GigabitEthernet0/0/1]port def
[S2-GigabitEthernet0/0/1]port default vlan 2
[S2-GigabitEthernet0/0/1]
```

图 6-54　配置 S2 端口 GE0/0/1

给交换机 S1 的端口 GE0/0/5 和交换机 S2 的端口 GE0/0/5 配置为 trunk 模式，并允许所有 vlan 通过。配置指令如图 6-55 所示。

```
[S2]interface GigabitEthernet 0/0/5
[S2-GigabitEthernet0/0/5]port link-type trunk
[S2-GigabitEthernet0/0/5]port trunk all
[S2-GigabitEthernet0/0/5]port trunk allow-pass  vlan all
[S2-GigabitEthernet0/0/5]
```

图 6-55　配置 S2 端口 GE0/0/5

以上是配置 S2 端口 GE0/0/5 的例子。交换机 S1 的端口 GE0/0/5 按同样的指令操作。

步骤 2：在 PC7 172.16.4.2 的命令行，ping 172.16.4.1、172.16.4.3，如图 6-56 所示，表明网络通。终端属于同一个默认 vlan1，能够通信。

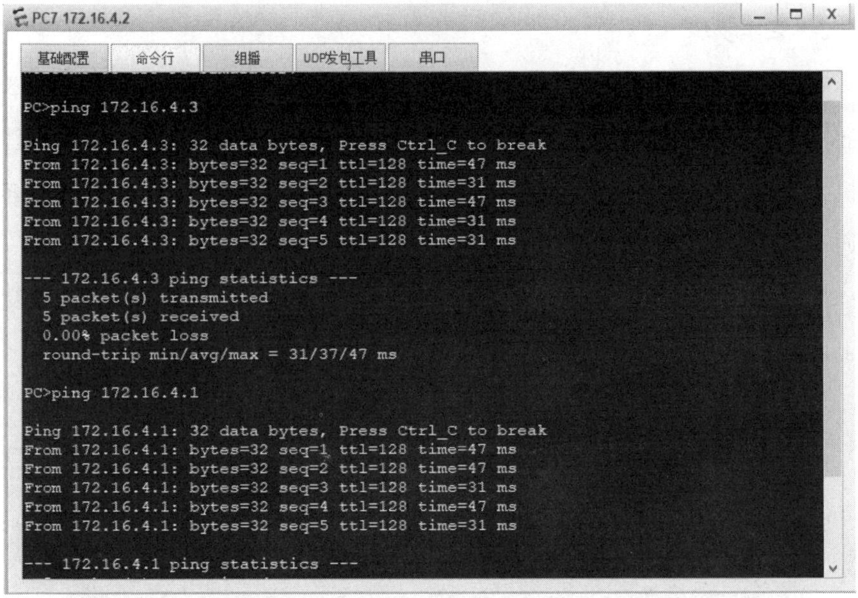

```
PC7 172.16.4.2
基础配置 命令行 组播 UDP发包工具 串口

PC>ping 172.16.4.3

Ping 172.16.4.3: 32 data bytes, Press Ctrl_C to break
From 172.16.4.3: bytes=32 seq=1 ttl=128 time=47 ms
From 172.16.4.3: bytes=32 seq=2 ttl=128 time=31 ms
From 172.16.4.3: bytes=32 seq=3 ttl=128 time=47 ms
From 172.16.4.3: bytes=32 seq=4 ttl=128 time=31 ms
From 172.16.4.3: bytes=32 seq=5 ttl=128 time=31 ms

--- 172.16.4.3 ping statistics ---
  5 packet(s) transmitted
  5 packet(s) received
  0.00% packet loss
  round-trip min/avg/max = 31/37/47 ms

PC>ping 172.16.4.1

Ping 172.16.4.1: 32 data bytes, Press Ctrl_C to break
From 172.16.4.1: bytes=32 seq=1 ttl=128 time=47 ms
From 172.16.4.1: bytes=32 seq=2 ttl=128 time=47 ms
From 172.16.4.1: bytes=32 seq=3 ttl=128 time=31 ms
From 172.16.4.1: bytes=32 seq=4 ttl=128 time=47 ms
From 172.16.4.1: bytes=32 seq=5 ttl=128 time=31 ms

--- 172.16.4.1 ping statistics ---
```

图 6-56　执行 ping 命令

步骤 3：在 PC7 172.16.4.2 的命令行，ping 172.16.3.5，如图 6-57 所示，表明网络不通。

由于两个终端属于不同的 vlan，虽然连接在一台交换机上，也不能通信。

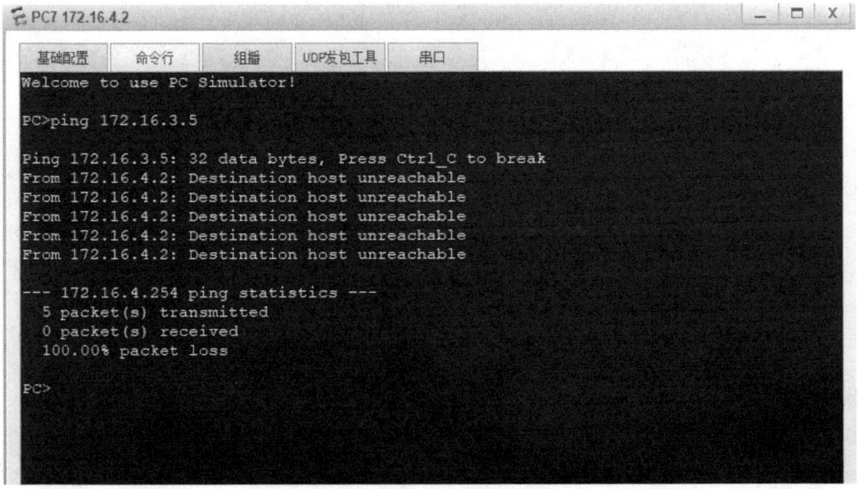

```
PC7 172.16.4.2
基础配置 命令行 组播 UDP发包工具 串口
Welcome to use PC Simulator!

PC>ping 172.16.3.5

Ping 172.16.3.5: 32 data bytes, Press Ctrl_C to break
From 172.16.4.2: Destination host unreachable
From 172.16.4.2: Destination host unreachable
From 172.16.4.2: Destination host unreachable
From 172.16.4.2: Destination host unreachable
From 172.16.4.2: Destination host unreachable

--- 172.16.4.254 ping statistics ---
  5 packet(s) transmitted
  0 packet(s) received
  100.00% packet loss

PC>
```

图 6-57　执行 ping 命令

步骤4：在PC5 172.16.3.5的命令行，ping 172.16.3.4，如图6-58所示，表明网络不通。

由于终端分别属于不同的vlan，所以不能通信。

```
vlan2 PC5 172.16.3.5
基础配置 命令行 组播 UDP发包工具 串口
Welcome to use PC Simulator!

PC>ping 172.16.3.4

Ping 172.16.3.4: 32 data bytes, Press Ctrl_C to break
From 172.16.3.5: Destination host unreachable
From 172.16.3.5: Destination host unreachable
From 172.16.3.5: Destination host unreachable
From 172.16.3.5: Destination host unreachable
From 172.16.3.5: Destination host unreachable

--- 172.16.3.4 ping statistics ---
  5 packet(s) transmitted
  0 packet(s) received
  100.00% packet loss

PC>
```

图6-58　执行ping命令

步骤5：在PC5 172.16.3.5的命令行，ping 172.16.3.2、172.16.3.1，如图6-59所示，表明网络通。

图6-59　执行ping命令

终端虽然分别连接在不同的交换机上，但是属于相同的 vlan2，所以能够通信。

步骤 6：在 PC7 172.16.4.2 的命令行，ping 172.16.4.4，如图 6-60 所示，表明网络通。

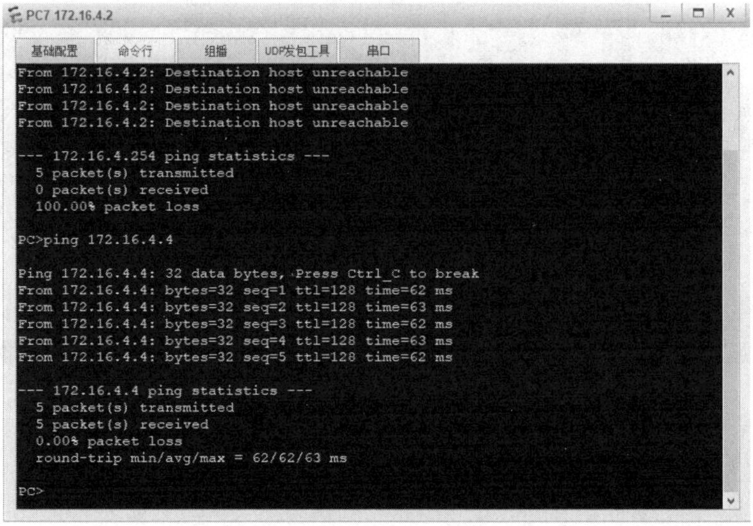

```
PC7 172.16.4.2
基础配置 命令行 组播 UDP发包工具 串口
From 172.16.4.2: Destination host unreachable
From 172.16.4.2: Destination host unreachable
From 172.16.4.2: Destination host unreachable
From 172.16.4.2: Destination host unreachable

--- 172.16.4.254 ping statistics ---
  5 packet(s) transmitted
  0 packet(s) received
  100.00% packet loss

PC>ping 172.16.4.4

Ping 172.16.4.4: 32 data bytes, Press Ctrl_C to break
From 172.16.4.4: bytes=32 seq=1 ttl=128 time=62 ms
From 172.16.4.4: bytes=32 seq=2 ttl=128 time=63 ms
From 172.16.4.4: bytes=32 seq=3 ttl=128 time=62 ms
From 172.16.4.4: bytes=32 seq=4 ttl=128 time=63 ms
From 172.16.4.4: bytes=32 seq=5 ttl=128 time=62 ms

--- 172.16.4.4 ping statistics ---
  5 packet(s) transmitted
  5 packet(s) received
  0.00% packet loss
  round-trip min/avg/max = 62/62/63 ms

PC>
```

图 6-60 执行 ping 命令

由于两个终端属于默认 vlan1，虽然连接在不同的交换机上，也能通信。

【操作要点】

① IP 地址填写正确。

② access 端口连接用户终端 PC，trunk 端口作为交换机互联端口。

五、动态路由和远程登录

狭义上讲，局域网是指一个网关内通信的计算机构成的网络，互联网（Internet）是由无数个这样小小的局域网构成的。局域网之间是如何通信的呢？依靠路由实现跨网络通信。这里以动态路由为例，介绍不同局域网之间如何互相通信。

这里有 6 个局域网 vlan3、vlan9、vlan1002、vlan1004、vlan105 以及 192.168.3，如图 6-60 所示。本例使用动态路由实现不同局域网之间的跨网

络通信。

1. 用到的配置命令

本例用到的配置命令，见表 6-9。

表 6-9　动态路由常用配置命令

序号	命令	示例	作用
1	interface	interface Ethernet 0/0/0 interface vlan 3	进入端口 Ethernet 0/0/0 进入 vlan3
2	ip address	ip address 192.168.2.2 255.255.255.0	添加 IP 地址 192.168.2.2 和子网掩码 255.255.255.0
3	ospf	ospf	进入动态路由配置
4	area	area 0.0.0.0	进入动态路由子区 0.0.0.0
5	network	network 192.168.2.0 0.0.0.255	添加 OSPF 的直连网段 192.168.2.0 0.0.0.255
6	aaa	aaa	进入 aaa 配置视图
7	local-user	local-user admin password cipher huawei	添加本地用户，用户名 admin， 密文密码 huawei
8	local-user admin service-type	local-user admin service-type telnet	本地用户 admin 的登录类型是 telnet
9	user-interface	user-interface vty 0 4	进入虚拟专网接口
10	authentication-mode	authentication-mode aaa	配置鉴权模式是 aaa
11	tracert	tracert 10.0.5.2	查看当前终端到 10.0.5.2 所经过的路径

本例的网络拓扑图如图 6-61 所示。

图 6-60 中有 vlan3、vlan9、vlan105 共 3 个用户虚拟网（vlan），还有 vlan1002、vlan1004 两个互联虚拟网以及 192.168.3 局域网。本例应该在熟练掌握交换机更名、划分 vlan、扩展 vlan 训练科目的基础上进行。

2. 配置动态路由的操作步骤

步骤 1：如图 6-61 所示添加终端、交换机，并更名，终端的网关为子网的第一个可用 IP，比如 172.16.3.3 的网关就是 172.16.3.1，其他终端参照此设置。

步骤 2：拖动图标 Router 添加 2 个路由器，并更名为 R1、R2。

步骤 3：配置 R1，为 R1 的端口 Ethernet0/0/0、Ethernet0/0/1 分别配置 IP 地址。操作如图 6-62 所示。按同样的操作为 R2 的端口 Ethernet0/0/0、Ethernet0/0/1 分别配置 IP 地址。每次配置完成，都要在用户视图中保存。

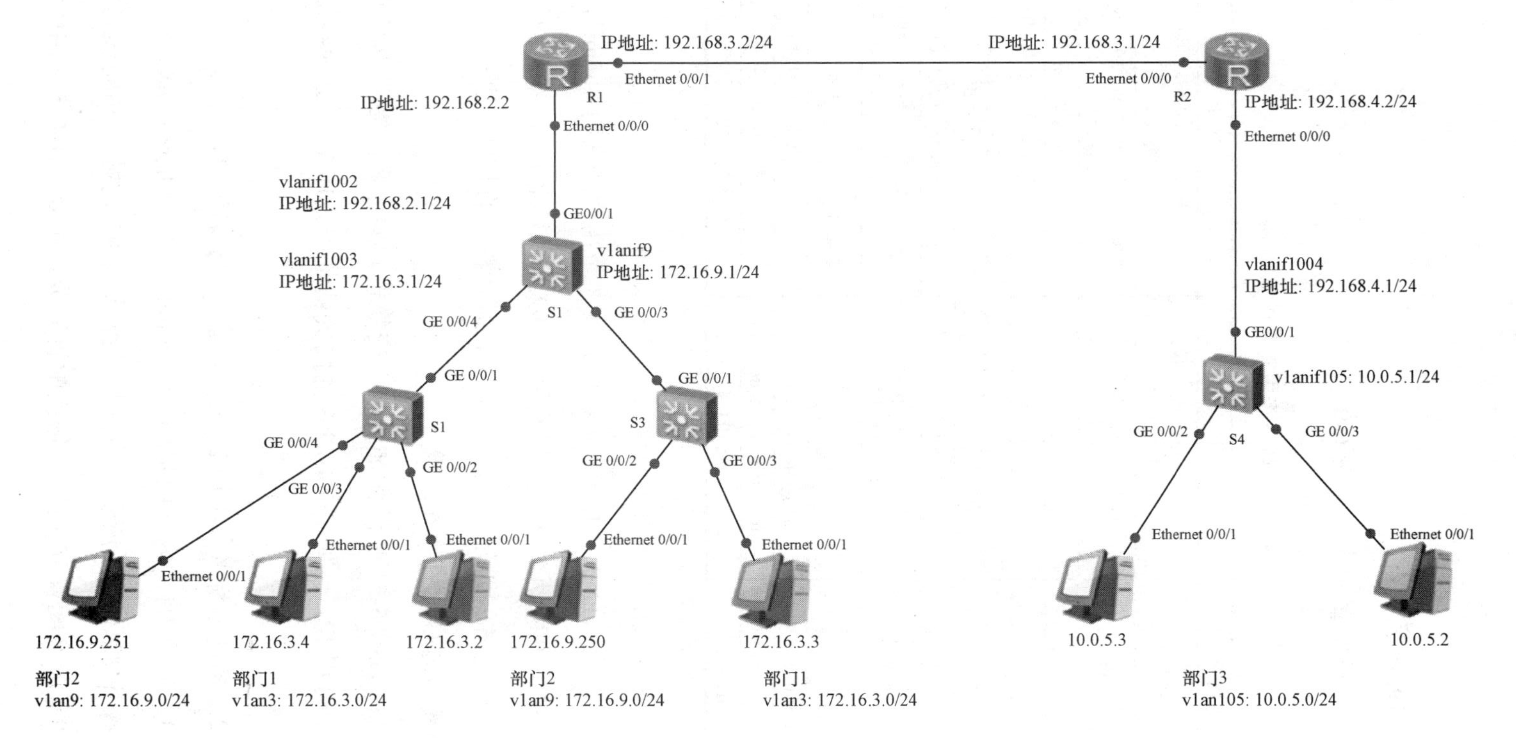
IP地址: 192.168.3.2/24
Ethernet 0/0/1
R1
IP地址: 192.168.2.2
Ethernet 0/0/0
IP地址: 192.168.3.1/24
Ethernet 0/0/0
R2
IP地址: 192.168.4.2/24
Ethernet 0/0/0
vlanif1002
IP地址: 192.168.2.1/24
GE0/0/1
vlanif1003
IP地址: 172.16.3.1/24
vlanif9
IP地址: 172.16.9.1/24
S1
GE 0/0/4
GE 0/0/3
vlanif1004
IP地址: 192.168.4.1/24
GE0/0/1
vlanif105: 10.0.5.1/24
S4
GE 0/0/2
GE 0/0/3
GE 0/0/1
S1
GE 0/0/4
GE 0/0/3
GE 0/0/2
GE 0/0/1
S3
GE 0/0/2
GE 0/0/3
Ethernet 0/0/1
Ethernet 0/0/1
Ethernet 0/0/1
Ethernet 0/0/1
Ethernet 0/0/1
Ethernet 0/0/1
Ethernet 0/0/1
172.16.9.251
172.16.3.4
172.16.3.2
172.16.9.250
172.16.3.3
10.0.5.3
10.0.5.2
部门2
vlan9: 172.16.9.0/24
部门1
vlan3: 172.16.3.0/24
部门2
vlan9: 172.16.9.0/24
部门1
vlan3: 172.16.3.0/24
部门3
vlan105: 10.0.5.0/24
图 6-61　跨局域网通信

```
[R1]interface Eth
[R1]interface Ethernet 0/0/0
[R1-Ethernet0/0/0]ip addre
[R1-Ethernet0/0/0]ip address 192.168.2.2 255.255.255.0
```

```
[R1-Ethernet0/0/0]quit
[R1]interface Ethernet 0/0/1
[R1-Ethernet0/0/1]ip address 192.168.3.2 255.255.255.0
```

图 6-62　配置 R1 的端口

步骤 4：给路由器 R1、R2 配置动态路由 OSPF。在 R1 添加 192.168.2.0 和 192.168.3.0 的操作如图 6-63 所示，注意子网掩码用掩码的反码 0.0.0.255。R2 按同样的方法操作。添加子网 192.168.3.0 和 192.168.4.0。

```
[R1]ospf
[R1-ospf-1]area 0.0.0.0
[R1-ospf-1-area-0.0.0.0]net
Sep 30 2023 16:31:21-08:00 R1 DS/4/DATASYNC_CFGCHANGE:OID 1.3.6.1.
191.3.1 configurations have been changed. The current change numbe
ange loop count is 0, and the maximum number of records is 4095.
                              ^
Error:Incomplete command found at '^' position.
[R1-ospf-1-area-0.0.0.0]network 192.168.2.0 0.0.0.255
[R1-ospf-1-area-0.0.0.0]network 192.168.3.0 0.0.0.255
```

图 6-63　在 R1 添加 192.168.2.0 和 192.168.3.0

步骤 5：在 S1 的系统视图创建 3 个 vlan，分别是 3、9、1002，分别如图 6-61 所示配置 vlan 的 IP 地址，操作如图 6-64 所示。给 vlan3 添加 IP 地址的操作如图 6-65 所示，其他 vlan 按同样的操作完成配置。

```
<S1>system
Enter system view, return user view with Ctrl+Z.
[S1]vlan batch 3 9 1002
```

图 6-64　创建 vlan3、9、1002

```
[S1]inter
[S1]interface vlan 3
[S1-Vlanif3]ip address 172.16.3.1 255.255.255.0
```

图 6-65　给 vlan3 添加 IP 地址

步骤 6：S1 的端口 GE0/0/1 的工作模式是 access，默认 vlan 是 vlan1002。S1 的端口 GE0/0/2、GE0/0/3 的工作模式是 trunk，允许通过的 vlan 是 3、9。配置端口工作模式和属于 vlan 的操作参照本节第四部分 VLAN 扩展。

步骤 7：S2 的端口 GE0/0/1 的工作模式是 trunk，允许通过的 vlan 是 3、

9，S2 端口 GE0/0/2、GE0/0/3、GE0/0/4 的工作模式是 access，默认 vlan 分别是 3、3 和 9。配置端口工作模式和属于 vlan 的操作参照本节第四部分 VLAN 扩展。

步骤 8：S3 的端口 GE0/0/1 的工作模式是 trunk，允许通过的 vlan 是 3、9，S3 端口 GE0/0/2、GE0/0/3 的工作模式是 access，默认 vlan 分别是 9 和 3。配置端口工作模式和属于 vlan 的操作参照本节第四部分 VLAN 扩展。

步骤 9：给交换机 S1 添加动态路由 OSPF。操作如图 6-66 所示。

```
[S1]
[S1]ospf
[S1-ospf-1]area 0.0.0.0
[S1-ospf-1-area-0.0.0.0]net
Sep 30 2023 16:47:35-08:00 S1 DS/4/DATASYNC_CFGCHANGE:
191.3.1 configurations have been changed. The current
ange loop count is 0, and the maximum number of record
                                         ^
Error:Incomplete command found at '^' position.
[S1-ospf-1-area-0.0.0.0]net
[S1-ospf-1-area-0.0.0.0]network 172.16.3.0 0.0.0.255
[S1-ospf-1-area-0.0.0.0]network 172.16.9.0 0.0.0.255
[S1-ospf-1-area-0.0.0.0]network 192.168.2.0 0.0.0.255
[S1-ospf-1-area-0.0.0.0]
```

图 6-66　给交换机 S1 添加动态路由 OSPF

步骤 10：给交换机 S4 添加动态路由 OSPF。操作见图 6-67。

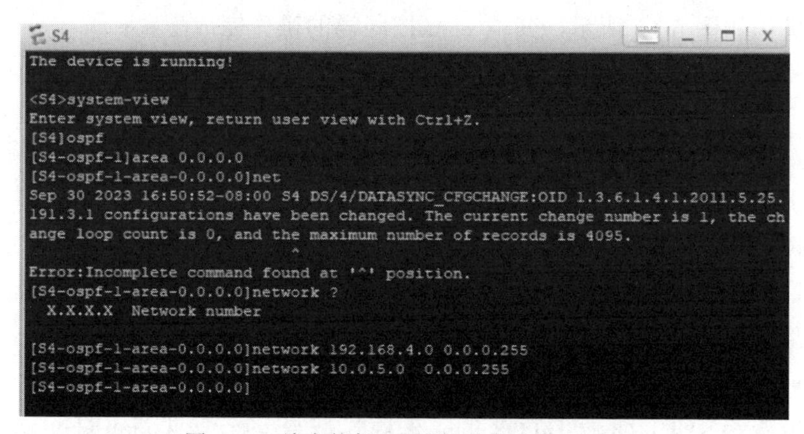

图 6-67　给交换机 S4 添加动态路由 OSPF

步骤 11：测试。

① 在子网 9 的终端 172.16.9.250 的命令行 ping 子网 105 的终端 10.0.5.2 和子网 3 的终端 172.16.3.4，如图 6-68 所示。表示属于不同 vlan（虚拟网）

的终端能够通信。

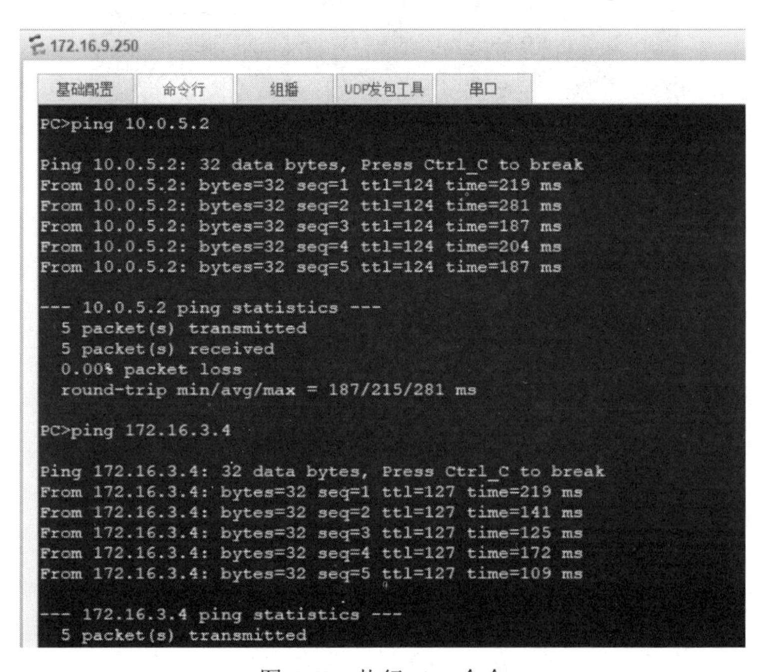

172.16.9.250
基础配置
命令行
组播
UDP发包工具
串口
PC>ping 10.0.5.2
Ping 10.0.5.2: 32 data bytes, Press Ctrl_C to break
From 10.0.5.2: bytes=32 seq=1 ttl=124 time=219 ms
From 10.0.5.2: bytes=32 seq=2 ttl=124 time=281 ms
From 10.0.5.2: bytes=32 seq=3 ttl=124 time=187 ms
From 10.0.5.2: bytes=32 seq=4 ttl=124 time=204 ms
From 10.0.5.2: bytes=32 seq=5 ttl=124 time=187 ms
--- 10.0.5.2 ping statistics ---
5 packet(s) transmitted
5 packet(s) received
0.00% packet loss
round-trip min/avg/max = 187/215/281 ms
PC>ping 172.16.3.4
Ping 172.16.3.4: 32 data bytes, Press Ctrl_C to break
From 172.16.3.4: bytes=32 seq=1 ttl=127 time=219 ms
From 172.16.3.4: bytes=32 seq=2 ttl=127 time=141 ms
From 172.16.3.4: bytes=32 seq=3 ttl=127 time=125 ms
From 172.16.3.4: bytes=32 seq=4 ttl=127 time=172 ms
From 172.16.3.4: bytes=32 seq=5 ttl=127 time=109 ms
--- 172.16.3.4 ping statistics ---
5 packet(s) transmitted

图 6-68　执行 ping 命令

② 在子网 9 的终端 172.16.9.250 的命令行 tracert 子网 105 的终端 10.0.5.2 和子网 3 的终端 172.16.3.4。查看是什么结果。

3. 配置远程登录的操作步骤

日常网络运维中，非常常见的操作是远程登录某台交换机，查看或者修改配置。网络运维人员需要管理数百台甚至数千台交换机，每次都到现场通过 console 串口物理连接到交换机，完成查看和修改配置的操作是不现实的。这里介绍为交换机配置远程登录权限的操作。

这里以配置 telnet 远程登录为例介绍。

步骤 1：进入系统视图，进入 aaa 配置视图，添加本地用户 admin，密码 huawei（密文）。操作如图 6-69 所示。

步骤 2：退出 aaa 配置视图，启动 telnet 服务，进入用户虚拟接口，授权模式为 aaa。操作如图 6-70 所示。配置完成后退回用户视图保存配置。

```
<S4>
<S4>system
Enter system view, return user view with Ctrl+Z.
[S4]aaa
[S4-aaa]loca
[S4-aaa]local-user admin password cipher huawei
```

```
[S4-aaa]local-user admin service-type telnet
```

图 6-69　添加本地用户 admin

```
[S4-aaa]quit
[S4]telnet server enable
Info: The Telnet server has been enabled.
[S4]user-in
[S4]user-interface  vty 0 4
[S4-ui-vty0-4]auth
[S4-ui-vty0-4]authentication-mode aaa
[S4-ui-vty0-4]quit
[S4]quti
    ^
Error: Unrecognized command found at '^' position.
[S4]quit
<S4>save
The current configuration will be written to the device.
Are you sure to continue?[Y/N]
```

图 6-70　保存配置

步骤 3：在 S1（不支持在终端测试）的用户视图测试 telnet，如图 6-71。输入 telnet 192.168.4.1，回车，按提示输入用户名 admin，密文密码 huawei，回车，成功登录到 S4 的用户视图，表明 telnet 远程登录配置成功。

```
S1
Sep 30 2023 17:23:10-08:00 S1 %%01PHY/1/PHY(l)[1]:    GigabitEthernet0/0/2: ch
ge status to up User interface con0 is available



Please Press ENTER.

<S1>
<S1>
<S1>telnet 192.168.4.1
Trying 192.168.4.1 ...
Press CTRL+K to abort
Connected to 192.168.4.1 ...


Login authentication


Username:admin
Password:
Info: The max number of VTY users is 5, and the number
      of current VTY users on line is 1.
      The current login time is 2023-09-30 17:41:15.
<S4>
```

图 6-71　测试 telnet

【操作要点】

① vlan 的网关不能重复配置，只需在一台交换机上配置。

② 交换机连接用户终端的端口和互联端口都需要按图所示完成配置。

六、创建 IP 地址池和自动获取地址

当前网络管理工作中，手动配置 IP 地址的情况越来越少，通常是自动获取 IP 地址。这样既免去了用户记忆 IP 的困扰，也能够防止 IP 地址填错，造成 IP 地址冲突，导致网络故障，同时，网络运维人员还能够动态调整 IP 地址池，提高网络管理工作的灵活度。动态获取 IP 地址的方式让网络管理工作对用户透明，用户只需要安心上网即可。

本节以配置基于全局地址池的 DHCP，动态获取 IP 地址为例介绍。

本例用到的配置命令，见表 6-10。

表 6-10　配置 DHCP 的常用命令

序号	命令	示例	作用
1	ip pool	ip pool aa	创建一个名称为 aa 的地址池
2	network	network 172.16.3.0 255.255.255.0	地址池的范围，子网掩码是 255.255.255.0 表示是一个 C 类地址
3	gateway-list	gateway-list 172.16.3.254	指定网关为 172.16.3.254
4	dns-list	dns-list 114.114.114.114	指定 DNS 为 114.114.114.114
5	interface	interface Vlanif3	进入使用该地址池的 vlan，vlan3
6	ip address	ip address 172.16.3.254 255.255.255.0	配置 vlan 地址为地址池的网关
7	dhcp select	dhcp select global	vlan 全局启用动态 IP 地址
8	excluded-ip-address	excluded-ip-address 172.16.3.1 172.16.3.253	从地址池剔除某些 IP 地址（有其他用途的）
9	ipconfig	Ipconfig/renew	更新终端 PC 的 IP 地址

本例的网络拓扑如图 6-72 所示。

操作步骤如下。

在前文训练科目顺利完成的基础上，按照图中标示完成 vlan 创建、vlan 扩展和端口配置。

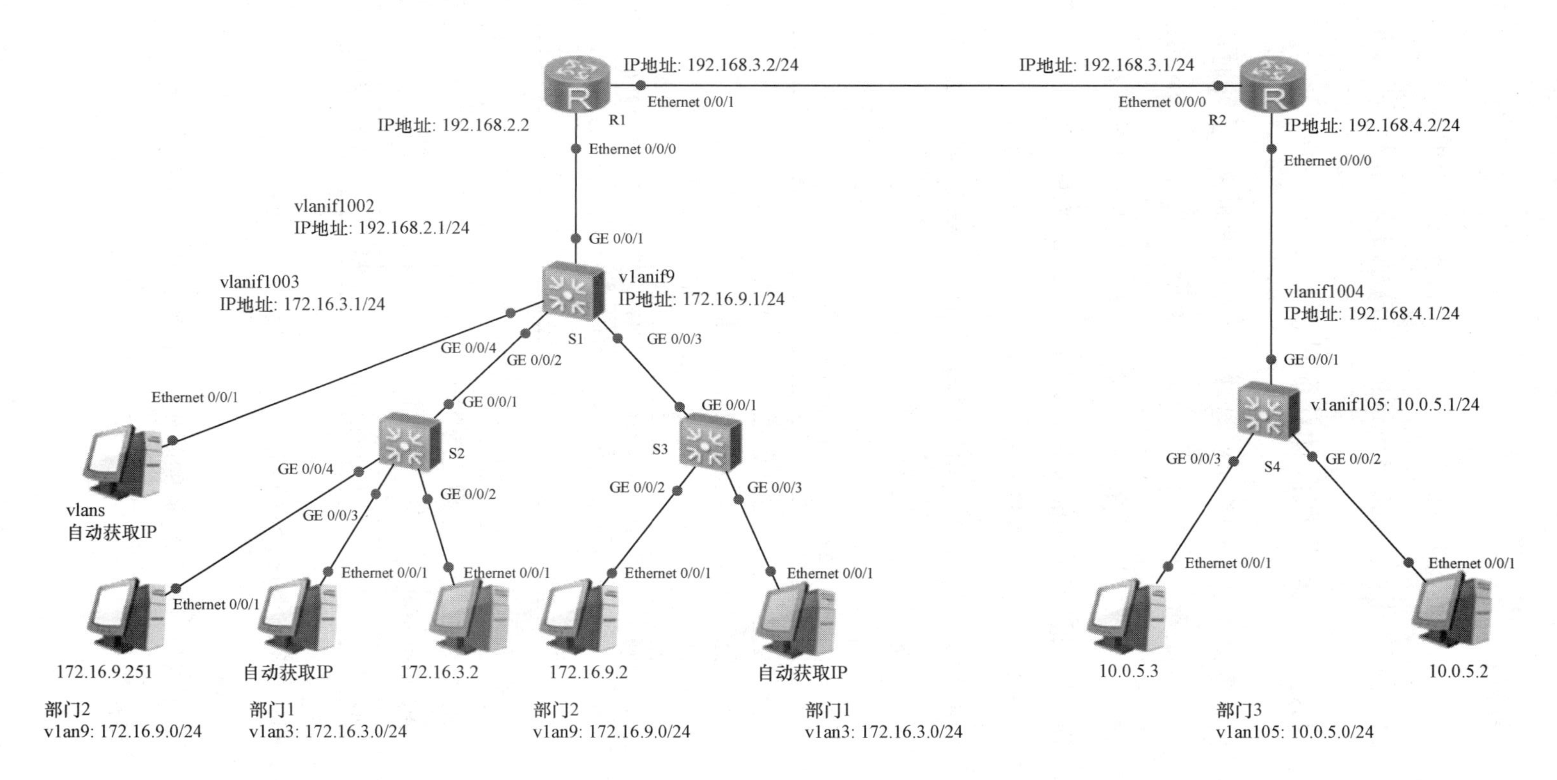
IP地址: 192.168.3.2/24
Ethernet 0/0/1
R1
IP地址: 192.168.2.2
Ethernet 0/0/0
IP地址: 192.168.3.1/24
Ethernet 0/0/0
R2
IP地址: 192.168.4.2/24
Ethernet 0/0/0
vlanif1002
IP地址: 192.168.2.1/24
GE 0/0/1
vlanif1003
IP地址: 172.16.3.1/24
vlanif9
IP地址: 172.16.9.1/24
S1
GE 0/0/4
GE 0/0/2
GE 0/0/3
vlanif1004
IP地址: 192.168.4.1/24
GE 0/0/1
vlanif105: 10.0.5.1/24
S4
GE 0/0/3
GE 0/0/2
Ethernet 0/0/1
GE 0/0/1
S2
GE 0/0/4
GE 0/0/3
GE 0/0/2
GE 0/0/1
S3
GE 0/0/2
GE 0/0/3
vlans
自动获取IP
Ethernet 0/0/1
172.16.9.251
自动获取IP
172.16.3.2
172.16.9.2
自动获取IP
10.0.5.3
10.0.5.2
部门2
vlan9: 172.16.9.0/24
部门1
vlan3: 172.16.3.0/24
部门2
vlan9: 172.16.9.0/24
部门1
vlan3: 172.16.3.0/24
部门3
vlan105: 10.0.5.0/24

图 6-72　网络拓扑

步骤 1：进入 S1 的系统视图，如图 6-73 所示。

```
<S1>system
Enter system view, return user view with Ctrl+Z.
[S1]
```

图 6-73　进入 S1 的系统视图

步骤 2：创建 ip 地址池，名称为 vlan3pool，如图 6-74 所示。

```
[S1]ip pool vlan3pool
Info:It's successful to create an IP address pool.
```

图 6-74　创建名为 vlan3poolip 的地址池

步骤 3：自动进入创建的 ip 地址池 vlan3pool，配置地址池的 IP 地址段，如图 6-75 所示。

```
[S1]ip pool vlan3pool
Info:It's successful to create an IP address pool.
[S1-ip-pool-vlan3pool]
[S1-ip-pool-vlan3pool]network 172.16.3.0 mask 255.255.255.0
[S1-ip-pool-vlan3pool]
```

图 6-75　配置地址池 vlan3pool 的 IP 地址段

步骤 4：在地址池 vlan3pool 中，配置网关，配置 IP 地址的有效期 2 天（根据需要设置），如图 6-76 所示。

```
[S1-ip-pool-vlan3pool]network 172.16.3.0 mask 255.255.255.0
[S1-ip-pool-vlan3pool]gate
[S1-ip-pool-vlan3pool]gateway-list 172.16.3.254
[S1-ip-pool-vlan3pool]lease day 2 hour 0 minute 0
[S1-ip-pool-vlan3pool]
```

图 6-76　配置网关和 IP 地址有效期

步骤 5：在地址池 vlan3pool 中，配置 DNS 为 114.114.114.114，如图 6-77 所示。

```
[S1-ip-pool-vlan3pool]dns
[S1-ip-pool-vlan3pool]dns-list 114.114.114.114
[S1-ip-pool-vlan3pool]
```

图 6-77　配置 DNS

步骤 6：退出地址池 vlan3pool，并保存，如图 6-78 所示。

```
[S1-ip-pool-vlan3pool]dns-list 114.114.114.114
[S1-ip-pool-vlan3pool]quit
[S1]quit
<S1>save
The current configuration will be written to the device.
Are you sure to continue?[Y/N]y
Now saving the current configuration to the slot 0.
Save the configuration successfully.
<S1>
```

图 6-78 退出并保存

步骤 7：进入 vlan3，配置 vlan3 的 IP 地址为地址池的网关，如图 6-79 所示。

```
<S1>system
Enter system view, return user view with Ctrl+Z.
[S1]inter vlan 3
[S1-Vlanif3]ip address 172.16.3.254 255.255.255.0
[S1-Vlanif3]
```

图 6-79 配置 vlan3 的 IP 地址为地址池的网关

步骤 8：退出 vlan3，回到用户视图，save 操作，保存配置，如图 6-80 所示。

```
[S1-Vlanif3]ip address 172.16.3.254 255.255.255.0
[S1-Vlanif3]quit
[S1]quit
<S1>save
The current configuration will be written to the device.
Are you sure to continue?[Y/N]y
Now saving the current configuration to the slot 0.
Save the configuration successfully.
<S1>
```

图 6-80 保存配置

步骤 9：完成以上配置后，属于 vlan3 的用户终端可自动获取 IP 地址。把 vlan3 的某一个终端 PC 的基础配置由静态改为 DHCP 和自动获取 DNS 服务器地址，点击应用，退出，如图 6-81 所示。

步骤 10：在该终端的命令行通过 ipconfig/renew 命令查看。能够看到获取到了地址池里面一个 IP 地址 172.16.3.253，子网掩码是 255.255.255.0，

网关是 172.16.3.254，DNS 是 114.114.114.114，表明配置成功，如图 6-82 所示。

子网3自动地址2

基础配置　命令行　组播　UDP发包工具　串口

主机名：

MAC 地址：54-89-98-D2-06-8A

IPv4 配置

静态　DHCP　自动获取 DNS 服务器地址

IP 地址：　DNS1:

子网掩码：　DNS2:

网关：

图 6-81　修改终端 PC 的基础配置

子网3自动地址2

基础配置　命令行　组播　UDP发包工具　串口

```
Welcome to use PC Simulator!

PC>ipconfig /all

Usage: ipconfig [?] [/renew] [/release] [/renew6] [/release6]

Options:
?               Display this help message
/renew          Renew the IPv4 address
/release        Release the IPv4 address
/renew6         Renew the IPv6 address
/release6       Release the IPv6 address

PC>ipconfig /renew

IP Configuration


Link local IPv6 address...........: fe80::5689:98ff:fed2:68a
IPv6 address......................: :: / 128
IPv6 gateway......................: ::
IPv4 address......................: 172.16.3.253
Subnet mask.......................: 255.255.255.0
Gateway...........................: 172.16.3.254
Physical address..................: 54-89-98-D2-06-8A
DNS server........................: 114.114.114.114


PC>
```

图 6-82　执行 ipconfig/renew 命令

步骤 11：在该终端 ping 其他终端，进一步验证配置是否成功。图 6-83 表明配置成功。

图 6-83　执行 ping 命令

读者可以进一步尝试，使用 excluded-ip-address 命令。

【操作要点】

① vlan 的 IP 地址要配置为 IP 地址池的网关。

② 注意每个命令所处的状态，比如在地址池中或者在 vlan 中。

七、配置单臂路由

前面几节介绍了通过 vlan 实现不同用户组之间的二层通信隔离，利用的技术原理是 vlan 对广播域的阻断。本节介绍通过对路由器物理端口的虚拟化实现不同 vlan 之间的路由通信。

1. 用到的配置命令

本例用到的配置命令，见表 6-11。

表 6-11　配置命令

序号	命令	示例	作用
1	dot1q termination	dot1q termination vid 2	给 vlan 打标签
2	ip pool	ip pool aa	创建一个名称为 aa 的地址池
3	network	network 192.168.1.0 255.255.255.0	地址池的范围，1 个 C 类地址
4	gateway-list	gateway-list 192.168.1.2	指定网关为 192.168.1.2
5	dns-list	dns-list 1.1.1.1	指定 DNS 为 1.1.1.1
6	interface	interface Vlanif10	进入 vlan10
7	ip address	ip address 192.168.1.0 255.255.255.0	配置 IP 地址
8	dhcp select	dhcp select global	全局启用动态 IP 地址
9	excluded-ip-address	excluded-ip-address 192.168.1.254	剔除不参与分配的 IP 地址
10	arp	arp broadcast enable	开启 arp 广播

2. 网络拓扑结构

本例的网络拓扑结构如图 6-84 所示。

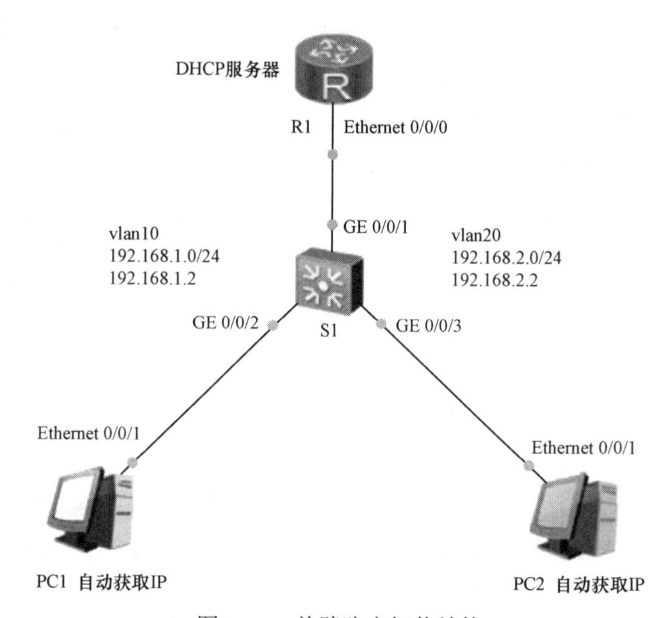

图 6-84　单臂路由拓扑结构

3. 操作步骤

步骤 1：将交换机更名为 S1，并创建两个 vlan，vlan10 与 vlan20，如

图 6-85 所示。

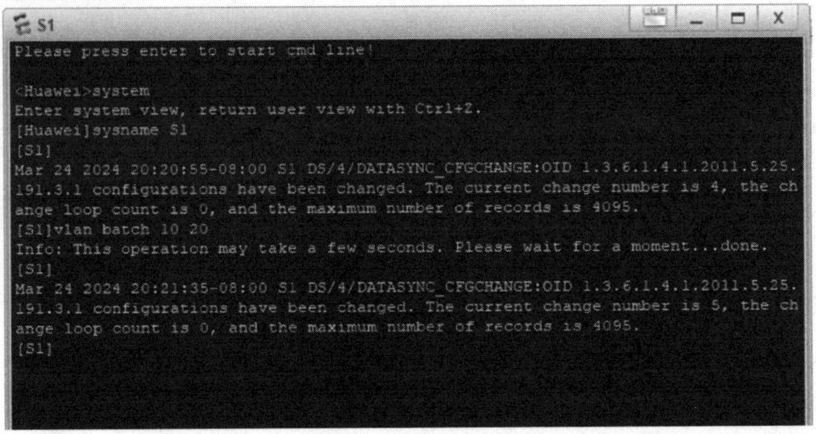

```
S1
Please press enter to start cmd line!

<Huawei>system
Enter system view, return user view with Ctrl+Z.
[Huawei]sysname S1
[S1]
Mar 24 2024 20:20:55-08:00 S1 DS/4/DATASYNC_CFGCHANGE:OID 1.3.6.1.4.1.2011.5.25.
191.3.1 configurations have been changed. The current change number is 4, the ch
ange loop count is 0, and the maximum number of records is 4095.
[S1]vlan batch 10 20
Info: This operation may take a few seconds. Please wait for a moment...done.
[S1]
Mar 24 2024 20:21:35-08:00 S1 DS/4/DATASYNC_CFGCHANGE:OID 1.3.6.1.4.1.2011.5.25.
191.3.1 configurations have been changed. The current change number is 5, the ch
ange loop count is 0, and the maximum number of records is 4095.
[S1]
```

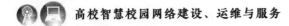

图 6-85　为交换机更名并创建 vlan10 与 vlan20

步骤 2：交换机 S1 端口 GE0/0/2 设置为 access 模式并加入 vlan10，如图 6-86 所示。

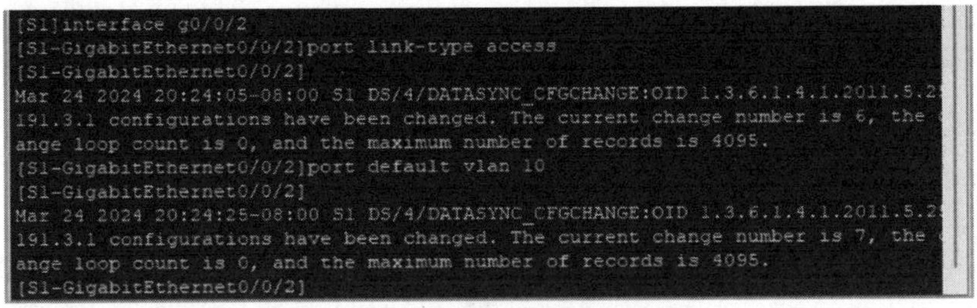

```
[S1]interface g0/0/2
[S1-GigabitEthernet0/0/2]port link-type access
[S1-GigabitEthernet0/0/2]
Mar 24 2024 20:24:05-08:00 S1 DS/4/DATASYNC_CFGCHANGE:OID 1.3.6.1.4.1.2011.5.2
191.3.1 configurations have been changed. The current change number is 6, the
ange loop count is 0, and the maximum number of records is 4095.
[S1-GigabitEthernet0/0/2]port default vlan 10
[S1-GigabitEthernet0/0/2]
Mar 24 2024 20:24:25-08:00 S1 DS/4/DATASYNC_CFGCHANGE:OID 1.3.6.1.4.1.2011.5.2
191.3.1 configurations have been changed. The current change number is 7, the
ange loop count is 0, and the maximum number of records is 4095.
[S1-GigabitEthernet0/0/2]
```

图 6-86　配置交换机 S1 端口 GE0/0/2

将交换机 S1 端口 GE0/0/3 设置为 access 模式并加入 vlan20，如图 6-87 所示。

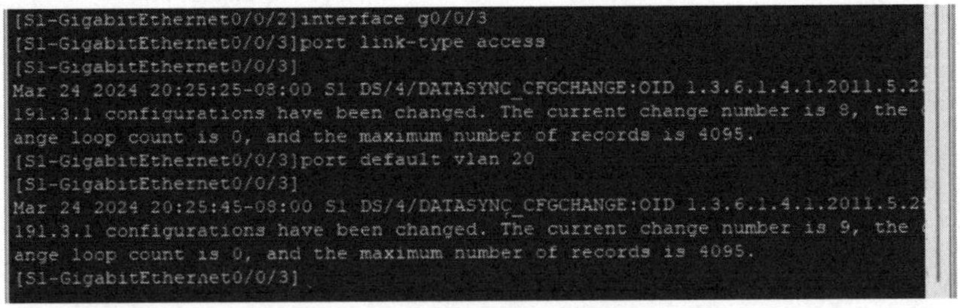

```
[S1-GigabitEthernet0/0/2]interface g0/0/3
[S1-GigabitEthernet0/0/3]port link-type access
[S1-GigabitEthernet0/0/3]
Mar 24 2024 20:25:25-08:00 S1 DS/4/DATASYNC_CFGCHANGE:OID 1.3.6.1.4.1.2011.5.2
191.3.1 configurations have been changed. The current change number is 8, the
ange loop count is 0, and the maximum number of records is 4095.
[S1-GigabitEthernet0/0/3]port default vlan 20
[S1-GigabitEthernet0/0/3]
Mar 24 2024 20:25:45-08:00 S1 DS/4/DATASYNC_CFGCHANGE:OID 1.3.6.1.4.1.2011.5.2
191.3.1 configurations have been changed. The current change number is 9, the
ange loop count is 0, and the maximum number of records is 4095.
[S1-GigabitEthernet0/0/3]
```

图 6-87　配置交换机 S1 端口 GE0/0/3

步骤 3：交换机 S1 端口 GE0/0/1 设置为 trunk 模式，允许所有 vlan 通过。退回到用户视图，保存配置，如图 6-88 所示。

```
[S1-GigabitEthernet0/0/3]interface g0/0/1
[S1-GigabitEthernet0/0/1]port link-type trunk
[S1-GigabitEthernet0/0/1]
Mar 24 2024 20:28:35-08:00 S1 DS/4/DATASYNC_CFGCHANGE:OID 1.3.6.1.4.1.2011.5.2
191.3.1 configurations have been changed. The current change number is 10, the
hange loop count is 0, and the maximum number of records is 4095.
[S1-GigabitEthernet0/0/1]port trunk allow-pass vlan all
[S1-GigabitEthernet0/0/1]
Mar 24 2024 20:29:15-08:00 S1 DS/4/DATASYNC_CFGCHANGE:OID 1.3.6.1.4.1.2011.5.2
191.3.1 configurations have been changed. The current change number is 11, the
hange loop count is 0, and the maximum number of records is 4095.
[S1-GigabitEthernet0/0/1]quit
[S1]quit
<S1>save
The current configuration will be written to the device.
Are you sure to continue?[Y/N]y
Info: Please input the file name ( *.cfg, *.zip ) [vrpcfg.zip]:
Mar 24 2024 20:30:14-08:00 S1 %%01CFM/4/SAVE(l)[0]:The user chose Y when decid
g whether to save the configuration to the device.
Now saving the current configuration to the slot 0.
Save the configuration successfully.
<S1>
```

图 6-88　配置交换机 S1 端口 GE0/0/1

步骤 4：路由器更名为 R1，开启 DHCP 功能，创建并配置地址池 pool1，包括地址范围、网关、DNS，如图 6-89 所示。

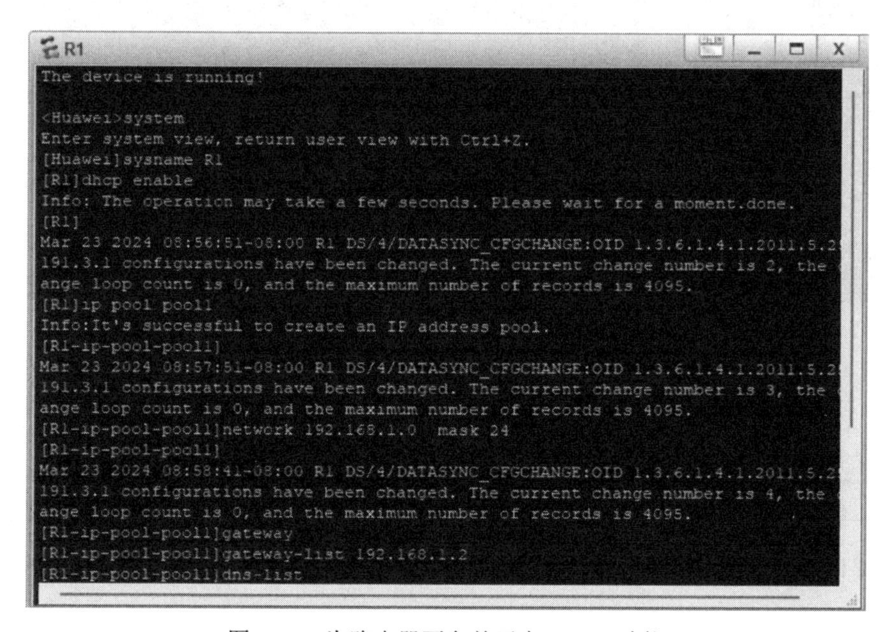

图 6-89　为路由器更名并开启 DHCP 功能

配置 DNS，从地址池剔除不参与分配的 IP 段，如图 6-90 所示。

```
[R1-ip-pool-pool1]dns-list 1.1.1.1
[R1-ip-pool-pool1]
Mar 24 2024 20:34:49-08:00 R1 DS/4/DATASYNC_CFGCHANGE:OID 1.3.6.1.4.1.2011.5.2
191.3.1 configurations have been changed. The current change number is 6, the c
ange loop count is 0, and the maximum number of records is 4095.
[R1-ip-pool-pool1]excluded
[R1-ip-pool-pool1]excluded-ip-address  192.168.1.254
[R1-ip-pool-pool1]
Mar 24 2024 20:35:19-08:00 R1 DS/4/DATASYNC_CFGCHANGE:OID 1.3.6.1.4.1.2011.5.2
191.3.1 configurations have been changed. The current change number is 7, the c
ange loop count is 0, and the maximum number of records is 4095.
[R1-ip-pool-pool1]
```

图 6-90　配置 DNS

步骤 5：在路由器中创建并配置地址池 pool2，包括地址范围、网关、DNS，如图 6-91 所示。

```
[R1]ip pool pool2
Info:It's successful to create an IP address pool.
[R1-ip-pool-pool2]netowrk
Mar 24 2024 20:38:40-08:00 R1 DS/4/DATASYNC_CFGCHANGE:OID 1.3.6.1.4.1.2011.5.2
191.3.1 configurations have been changed. The current change number is 8, the c
ange loop count is 0, and the maximum number of records is 4095.
                   ^
Error: Unrecognized command found at '^' position.
[R1-ip-pool-pool2]network 192.168.2.0 mask 24
[R1-ip-pool-pool2]
Mar 24 2024 20:39:00-08:00 R1 DS/4/DATASYNC_CFGCHANGE:OID 1.3.6.1.4.1.2011.5.2
191.3.1 configurations have been changed. The current change number is 9, the c
ange loop count is 0, and the maximum number of records is 4095.
[R1-ip-pool-pool2]gateway-list 192.168.2.2
[R1-ip-pool-pool2]
Mar 24 2024 20:39:20-08:00 R1 DS/4/DATASYNC_CFGCHANGE:OID 1.3.6.1.4.1.2011.5.2
191.3.1 configurations have been changed. The current change number is 10, the
hange loop count is 0, and the maximum number of records is 4095.
[R1-ip-pool-pool2]dns-list 1.1.1.1
[R1-ip-pool-pool2]
```

图 6-91　在路由器中创建并配置地址池 pool2

步骤 6：从地址池 pool2 中排除不参与分配的 IP 地址，退回用户视图并保存配置，如图 6-92 所示。

步骤 7：配置路由器 R1 的虚拟端口。配置路由器物理端口 e0/0/0 的虚拟端口 1，包括地址段、给 vlan 打标签、开启 DHCP 全局选择，如图 6-93 所示。

```
[R1-ip-pool-pool2]dns-list 1.1.1.1
[R1-ip-pool-pool2]
[R1-ip-pool-pool2]
Mar 24 2024 20:39:40-08:00 R1 DS/4/DATASYNC_CFGCHANGE:OID 1.3.6.1.4.1.2011.5.2
191.3.1 configurations have been changed. The current change number is 11, the
hange loop count is 0, and the maximum number of records is 4095.
[R1-ip-pool-pool2]exclued
[R1-ip-pool-pool2]excluded
[R1-ip-pool-pool2]excluded-ip-address  192.168.2.254
[R1-ip-pool-pool2]
Mar 24 2024 20:40:20-08:00 R1 DS/4/DATASYNC_CFGCHANGE:OID 1.3.6.1.4.1.2011.5.2
191.3.1 configurations have been changed. The current change number is 12, the
hange loop count is 0, and the maximum number of records is 4095.
[R1-ip-pool-pool2]quit
[R1]quit
<R1>save
The current configuration will be written to the device.
Are you sure to continue?[Y/N]y
Info: Please input the file name ( *.cfg, *.zip ) [vrpcfg.zip]:
Mar 24 2024 20:43:20-08:00 R1 %%01CFM/4/SAVE(l)[0]:The user chose Y when decid
g whether to save the configuration to the device.
Now saving the current configuration to the slot 17.
Save the configuration successfully.
<R1>
```

图 6-92　排除不参与分配的 IP 地址

```
<R1>system
Enter system view, return user view with Ctrl+Z.
[R1]interface e0/0/0.1
[R1-Ethernet0/0/0.1]
Mar 24 2024 20:46:10-08:00 R1 DS/4/DATASYNC_CFGCHANGE:OID 1.3.6.1.4.1.2011.5.2
191.3.1 configurations have been changed. The current change number is 13, the
hange loop count is 0, and the maximum number of records is 4095.
[R1-Ethernet0/0/0.1]ip address 192.168.1.2 24
[R1-Ethernet0/0/0.1]
Mar 24 2024 20:46:40-08:00 R1 DS/4/DATASYNC_CFGCHANGE:OID 1.3.6.1.4.1.2011.5.2
191.3.1 configurations have been changed. The current change number is 14, the
hange loop count is 0, and the maximum number of records is 4095.
[R1-Ethernet0/0/0.1]dot1q termination vid 10
[R1-Ethernet0/0/0.1]
Mar 24 2024 20:47:03-08:00 R1 %%01IFNET/4/LINK_STATE(l)[1]:The line protocol I
on the interface Ethernet0/0/0.1 has entered the UP state.
Mar 24 2024 20:47:10-08:00 R1 DS/4/DATASYNC_CFGCHANGE:OID 1.3.6.1.4.1.2011.5.2
191.3.1 configurations have been changed. The current change number is 15, the
hange loop count is 0, and the maximum number of records is 4095.
[R1-Ethernet0/0/0.1]dhcp select global
[R1-Ethernet0/0/0.1]
Mar 24 2024 20:49:00-08:00 R1 DS/4/DATASYNC_CFGCHANGE:OID 1.3.6.1.4.1.2011.5.2
191.3.1 configurations have been changed. The current change number is 16, the
hange loop count is 0, and the maximum number of records is 4095.
```

图 6-93　配置路由器 R1 的虚拟端口

配置路由器物理端口 e0/0/0 的虚拟端口 2，包括地址段、给 vlan 打标签、开启 DHCP 全局选择，如图 6-94 所示。

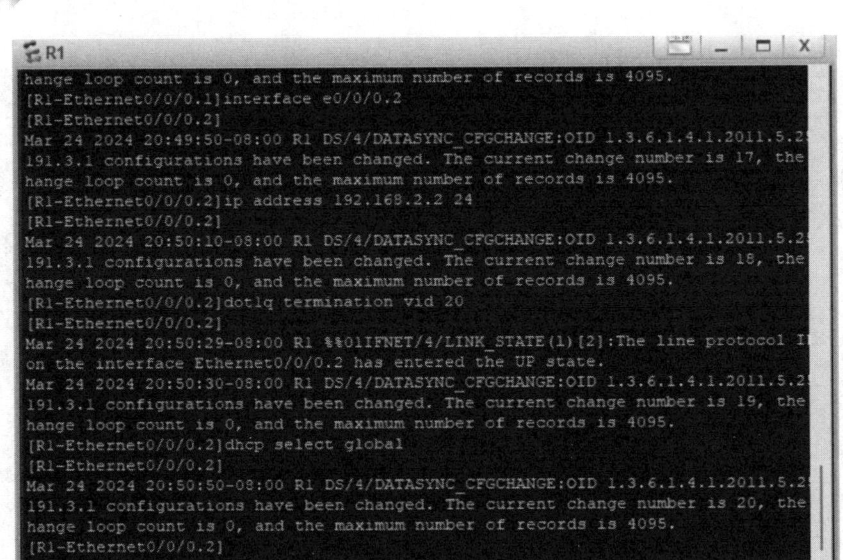

图 6-94　配置路由器物理端口 e0/0/0 的虚拟端口 2

步骤 8：终端 PC1 设置为自动获取（DHCP）IP 地址，如图 6-95 所示。

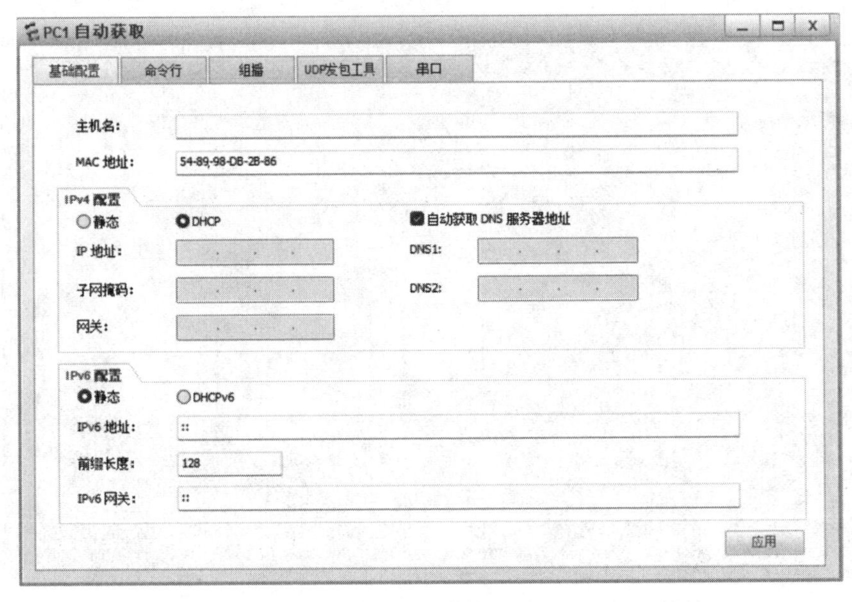

图 6-95　终端 PC1 设置为自动获取（DHCP）IP 地址

步骤 9：在命令行刷新 IP 地址。下图表示已获取到地址池 pool1 的 IP 地址，如图 6-96 所示。

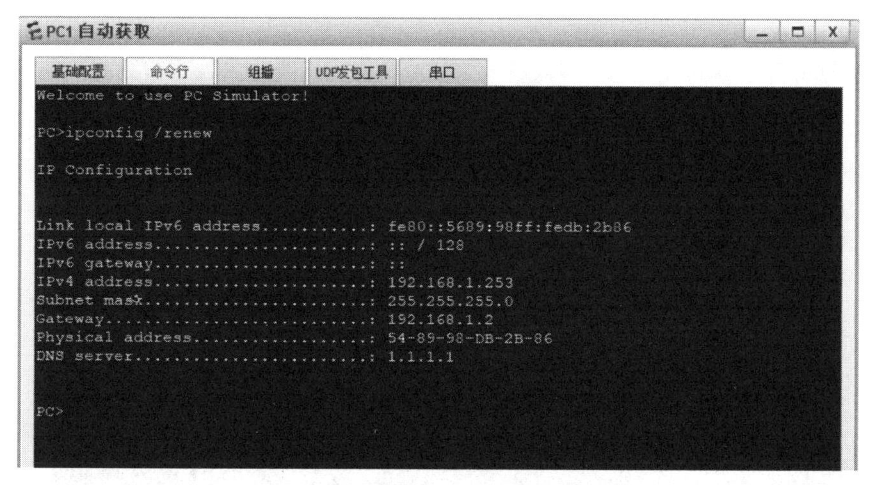

图 6-96　在命令行刷新 IP 地址

步骤 10：终端 PC2 设置为自动获取（DHCP）IP 地址。在命令行刷新 IP 地址，显示已获取到地址池 pool2 的 IP 地址，如图 6-97 所示。

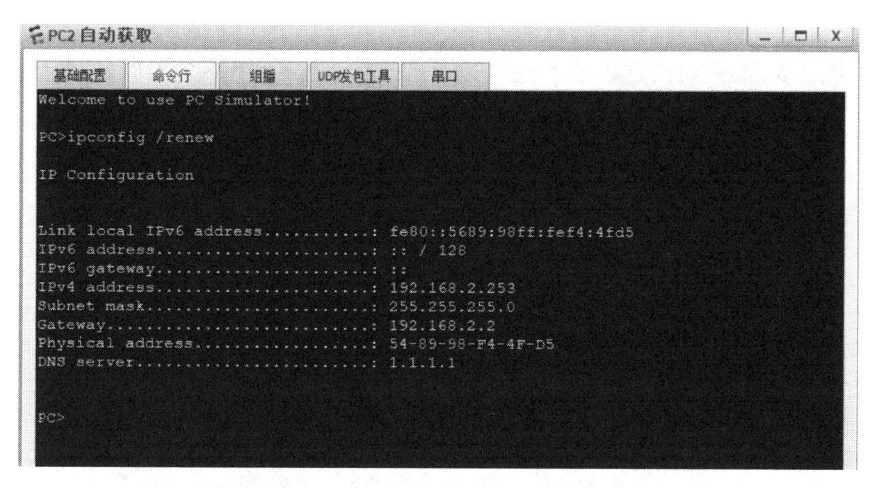

图 6-97　终端 PC2 获取到地址池 pool2 的 IP 地址

步骤 11：在终端 PC2 的命令行窗口 ping 终端 PC1，如图 6-98 所示，能够通信。

步骤 12：在终端 PC1 的命令行窗口 ping 终端 PC2，能够通信，如图 6-99 所示。

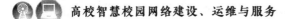

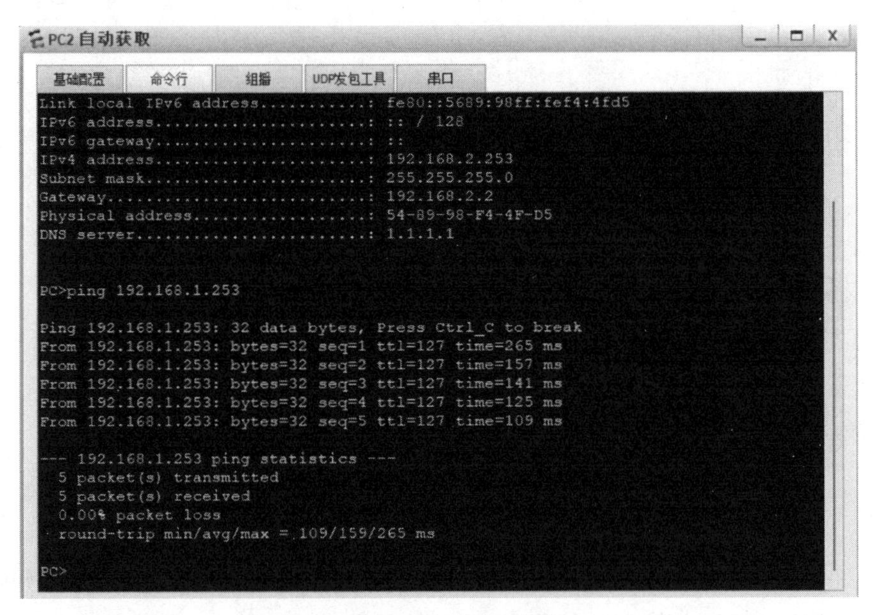

图 6-98　执行 ping 命令

```
PC1 自动获取
基础配置  命令行  组播  UDP发包工具  串口
Link local IPv6 address...........: fe80::5689:98ff:fedb:2b86
IPv6 address......................: :: / 128
IPv6 gateway......................: ::
IPv4 address......................: 192.168.1.253
Subnet mask.......................: 255.255.255.0
Gateway...........................: 192.168.1.2
Physical address..................: 54-89-98-DB-2B-86
DNS server........................: 1.1.1.1


PC>ping 192.168.2.253

Ping 192.168.2.253: 32 data bytes, Press Ctrl_C to break
From 192.168.2.253: bytes=32 seq=1 ttl=127 time=110 ms
From 192.168.2.253: bytes=32 seq=2 ttl=127 time=110 ms
From 192.168.2.253: bytes=32 seq=3 ttl=127 time=94 ms
From 192.168.2.253: bytes=32 seq=4 ttl=127 time=125 ms
From 192.168.2.253: bytes=32 seq=5 ttl=127 time=125 ms

--- 192.168.2.253 ping statistics ---
  5 packet(s) transmitted
  5 packet(s) received
  0.00% packet loss
  round-trip min/avg/max = 94/112/125 ms

PC>
```

图 6-99　执行 ping 命令

本节演示了全局地址池配置 DHCP，用户终端能够自动获取 IP 地址，同时，验证了属于不同 vlan 的用户终端，采用单臂路由配置可以互相通信，

实现了 vlan 路由。配置的关键操作是在虚拟端口中对 vlan 打标签并把地址池的网关作为虚拟端口的 IP 地址。

八、配置 DHCP 中继

本节介绍另一种动态地址配置方法-DHCP 中继。DHCP 中继是校园网络管理常用到的技术。利用全局地址池配置 DHCP 服务器，要求网关在 DHCP 服务器（由三层交换机或者路由器承担）上，即 DHCP 服务器之下都是二层网络。因为获取 IP 地址的 DHCP 报文只能在二层网络内广播，无法跨越三层网络设备。全局地址池的优点是地址段全部在 DHCP 服务器上，方便 IP 资源的统一分配利用，但是，这在一定程度上限制了校园网络的扩展性和管理的灵活性。当遇到大型网络应用场景时，显得无能为力。

比如某高校工科区域有 10 栋教学楼，分别属于学院 1 至学院 10。如果按照全局地址池的配置，那么该大区所有用户的网关都在该大区的汇聚设备－区域核心交换机上。这造成两方面问题：一方面，区域汇聚交换机的工作压力较大，而楼栋网络设备的性能不能得到充分利用；另一方面，学院内部电脑跨三层网络的数据交换必须经过区域汇聚交换机，数据走向不够合理。

为了管理方便，网络管理员希望每个学院是一个独立的三层网络，即每栋楼配置一个网关，各楼栋（学院）通过三层网络互联。这样就能够解决以上所述的两种问题。为了 IP 资源的统一管理，管理员还希望这个大区的汇聚交换机上仍然存放全局地址池。面对这个需求，利用全局地址池配置 DHCP 就显得力不从心。DHCP 中继恰好适合于这种应用场景。下面介绍 DHCP 中继的配置方法。

1. 用到的配置命令

本例用到的配置命令，见表 6-12。

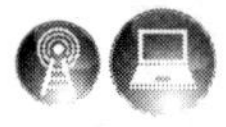

表 6-12　配置命令

序号	命令	示例	作用
1	ip pool	ip pool aa	创建一个名称为 aa 的地址池
2	network	network 192.168.3.0 255.255.255.0	指定地址池的范围，一个 C 类地址
3	gateway-list	gateway-list 192.168.3.2	指定网关
4	dns-list	dns-list 1.1.1.1	指定 DNS
5	interface	interface g0/0/1	进入端口 g0/0/1
6	ip address	ip address 172.16.3.254 255.255.255.0	配置 vlan 地址为地址池的网关
7	dhcp select	dhcp select global	vlan 全局启用动态 IP 地址
8	excluded-ip-address	excluded-ip-address 172.16.3.1 172.16.3.253	从地址池剔除某些 IP 地址（有其他用途的）
9	ipconfig	ipconfig/renew	更新终端 PC 的 IP 地址

2. 网络拓扑结构

DHCP 中继的网络拓扑如图 6-100 所示。

3. 配置步骤

目标：用户终端 PC3 通过 DHCP 中继路由器 R2 自动获取 DHCP 服务器 R1 地址池 pool3 的 IP 地址。

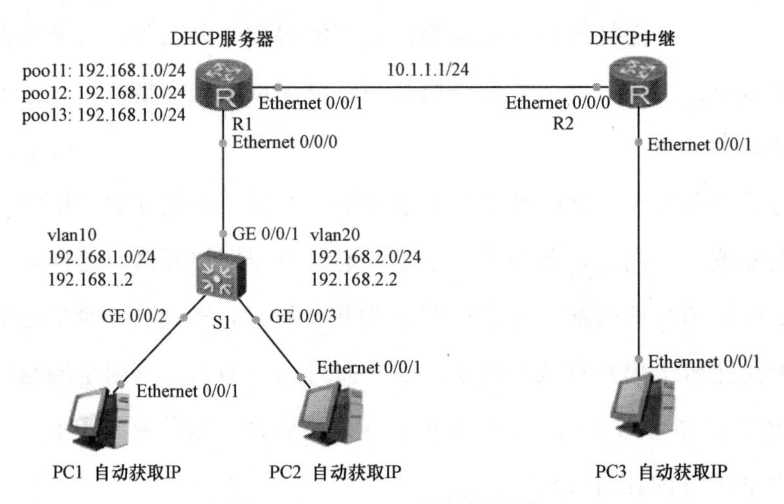

图 6-100　DHCP 中继网络拓扑

步骤 1：在路由器 R1 添加地址池 pool3 并配置，有效期 2 天，如图 6-101 所示。

```
R1
<R1>system
Enter system view, return user view with Ctrl+Z.
[R1]ip pool pool3
Info:It's successful to create an IP address pool.
[R1-ip-pool-pool3]
Mar 24 2024 21:37:22-08:00 R1 DS/4/DATASYNC_CFGCHANGE:OID 1.3.6.1.4.1.2011.5.2
191.3.1 configurations have been changed. The current change number is 21, the
hange loop count is 0, and the maximum number of records is 4095.
[R1-ip-pool-pool3]network 192.168.3.0 mask 24
[R1-ip-pool-pool3]
Mar 24 2024 21:37:42-08:00 R1 DS/4/DATASYNC_CFGCHANGE:OID 1.3.6.1.4.1.2011.5.2
191.3.1 configurations have been changed. The current change number is 22, the
hange loop count is 0, and the maximum number of records is 4095.
[R1-ip-pool-pool3]gateway-list 192.168.3.2
[R1-ip-pool-pool3]
Mar 24 2024 21:38:22-08:00 R1 DS/4/DATASYNC_CFGCHANGE:OID 1.3.6.1.4.1.2011.5.2
191.3.1 configurations have been changed. The current change number is 23, the
hange loop count is 0, and the maximum number of records is 4095.
[R1-ip-pool-pool3]dns-list 1.1.1.1
[R1-ip-pool-pool3]
Mar 24 2024 21:38:32-08:00 R1 DS/4/DATASYNC_CFGCHANGE:OID 1.3.6.1.4.1.2011.5.2
191.3.1 configurations have been changed. The current change number is 24, the
hange loop count is 0, and the maximum number of records is 4095.
[R1-ip-pool-pool3]excluded
[R1-ip-pool-pool3]excluded-ip-address 192.168.3.254
[R1-ip-pool-pool3]lease day 2
[R1-ip-pool-pool3]
Mar 24 2024 21:40:22-08:00 R1 DS/4/DATASYNC_CFGCHANGE:OID 1.3.6.1.4.1.2011.5.2
191.3.1 configurations have been changed. The current change number is 26, the
hange loop count is 0, and the maximum number of records is 4095.
[R1-ip-pool-pool3]
```

图 6-101　在路由器 R1 添加地址池 pool3 并配置有效期

步骤 2：配置路由器 R1 的端口 e0/0/1，配置与路由器 R2 的互联地址，如图 6-102 所示。

```
[R1-ip-pool-pool3]interface e0/0/1
[R1-Ethernet0/0/1]ip address 10.1.1.1 24
[R1-Ethernet0/0/1]
Mar 24 2024 21:44:59-08:00 R1 %%01IFNET/4/LINK_STATE(l)[0]:The line protocol IP
on the interface Ethernet0/0/1 has entered the UP state.
Mar 24 2024 21:45:02-08:00 R1 DS/4/DATASYNC_CFGCHANGE:OID 1.3.6.1.4.1.2011.5.2
191.3.1 configurations have been changed. The current change number is 27, the
hange loop count is 0, and the maximum number of records is 4095.
[R1-Ethernet0/0/1]quit
[R1]interface e0/0/1
[R1-Ethernet0/0/1]dhcp select global
[R1-Ethernet0/0/1]
Mar 24 2024 21:54:03-08:00 R1 DS/4/DATASYNC_CFGCHANGE:OID 1.3.6.1.4.1.2011.5.2
191.3.1 configurations have been changed. The current change number is 28, the
hange loop count is 0, and the maximum number of records is 4095.
[R1-Ethernet0/0/1]
```

图 6-102　配置 R1 的端口 e0/0/1 及与 R2 的互联地址

给路由器 R1 配置静态路由，如图 6-103 所示。

```
[R1]ip route-static 192.168.3.0  24  10.1.1.2
[R1]
Mar 24 2024 22:02:54-08:00 R1 DS/4/DATASYNC_CFGCHANGE:OID 1.3.6.1.4.1.2011.5.2
191.3.1 configurations have been changed. The current change number is 29, the
hange loop count is 0, and the maximum number of records is 4095.
[R1]
```

图 6-103　给路由器 R1 配置静态路由

步骤 3：配置路由器 R2 的端口 e0/0/0，配置与路由器 R1 的互联地址，如图 6-104 所示。

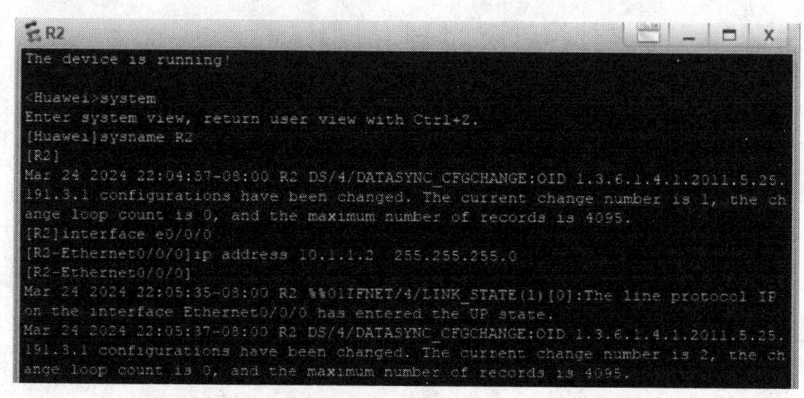

```
R2
The device is running!

<Huawei>system
Enter system view, return user view with Ctrl+Z.
[Huawei]sysname R2
[R2]
Mar 24 2024 22:04:57-08:00 R2 DS/4/DATASYNC_CFGCHANGE:OID 1.3.6.1.4.1.2011.5.25.
191.3.1 configurations have been changed. The current change number is 1, the ch
ange loop count is 0, and the maximum number of records is 4095.
[R2]interface e0/0/0
[R2-Ethernet0/0/0]ip address 10.1.1.2  255.255.255.0
[R2-Ethernet0/0/0]
Mar 24 2024 22:05:35-08:00 R2 %%01IFNET/4/LINK_STATE(l)[0]:The line protocol IP
on the interface Ethernet0/0/0 has entered the UP state.
Mar 24 2024 22:05:37-08:00 R2 DS/4/DATASYNC_CFGCHANGE:OID 1.3.6.1.4.1.2011.5.25.
191.3.1 configurations have been changed. The current change number is 2, the ch
ange loop count is 0, and the maximum number of records is 4095.
```

图 6-104　配置 R2 的端口 e0/0/0 及与 R1 的互联地址

步骤 4：配置路由器 R2 的端口 e0/0/1。路由器 R2 开启 DHCP 功能，然后在端口 e0/0/1 配置 DHCP 中继及中继服务器地址，如图 6-105 所示。

```
R2
[R2-Ethernet0/0/1]quit
[R2]dhcp enable
Info: The operation may take a few seconds. Please wait for a moment.done.
[R2]
Mar 24 2024 22:10:17-08:00 R2 DS/4/DATASYNC_CFGCHANGE:OID 1.3.6.1.4.1.2011.5.2
191.3.1 configurations have been changed. The current change number is 4, the
ange loop count is 0, and the maximum number of records is 4095.
[R2]interface e0/0/1
[R2-Ethernet0/0/1]dhcp select realy
                                ^
Error: Unrecognized command found at '^' position.
[R2-Ethernet0/0/1]dhcp select relay
[R2-Ethernet0/0/1]dhc
Mar 24 2024 22:10:57-08:00 R2 DS/4/DATASYNC_CFGCHANGE:OID 1.3.6.1.4.1.2011.5.2
191.3.1 configurations have been changed. The current change number is 5, the
ange loop count is 0, and the maximum number of records is 4095.
                      ^
Error:Incomplete command found at '^' position.
[R2-Ethernet0/0/1]dhcp relay server 10.1.1.1
[R2-Ethernet0/0/1]
Mar 24 2024 22:11:17-08:00 R2 DS/4/DATASYNC_CFGCHANGE:OID 1.3.6.1.4.1.2011.5.2
191.3.1 configurations have been changed. The current change number is 6, the
ange loop count is 0, and the maximum number of records is 4095.
[R2-Ethernet0/0/1]
```

图 6-105　配置 R2 的端口 e0/0/1 并开启 DHCP 功能

配置路由器 R2 的端口 e0/0/1 的 IP 地址，与地址池 pool3 的网关相同，如图 6-106 所示。

```
[R2-Ethernet0/0/0]interface e0/0/1
[R2-Ethernet0/0/1]ip address 192.168.3.2 255.255.255.0
[R2-Ethernet0/0/1]
Mar 24 2024 22:07:02-08:00 R2 %%01IFNET/4/LINK_STATE(1)[1]:The line protocol IP
on the interface Ethernet0/0/1 has entered the UP state.
```

图 6-106　配置 R2 的端口 e0/0/1 的 IP 地址和网关

步骤 5：指定用户终端 PC3 自动获取 IP 地址，如图 6-107 所示。

图 6-107　设置用户终端 PC3 自动获取 IP 地址

步骤 6：在用户终端 PC3 的命令行查看是否获得 IP 地址。正确获得地址池 pool3 的地址，如图 6-108 所示。

步骤 7：由于没有配置路由，所以，属于 vlan3 的用户终端 PC3 与 vlan2 无法通信，如图 6-109 所示。

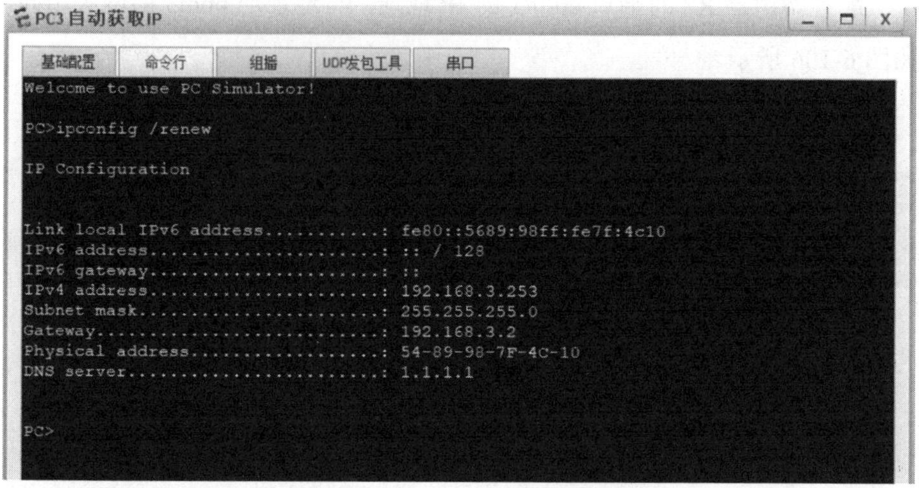

PC3自动获取IP

基础配置 | 命令行 | 组播 | UDP发包工具 | 串口

```
Welcome to use PC Simulator!

PC>ipconfig /renew

IP Configuration


Link local IPv6 address...........: fe80::5689:98ff:fe7f:4c10
IPv6 address......................: :: / 128
IPv6 gateway......................: ::
IPv4 address......................: 192.168.3.253
Subnet mask.......................: 255.255.255.0
Gateway...........................: 192.168.3.2
Physical address..................: 54-89-98-7F-4C-10
DNS server........................: 1.1.1.1


PC>
```

图 6-108　在命令行查看是否获得 IP 地址

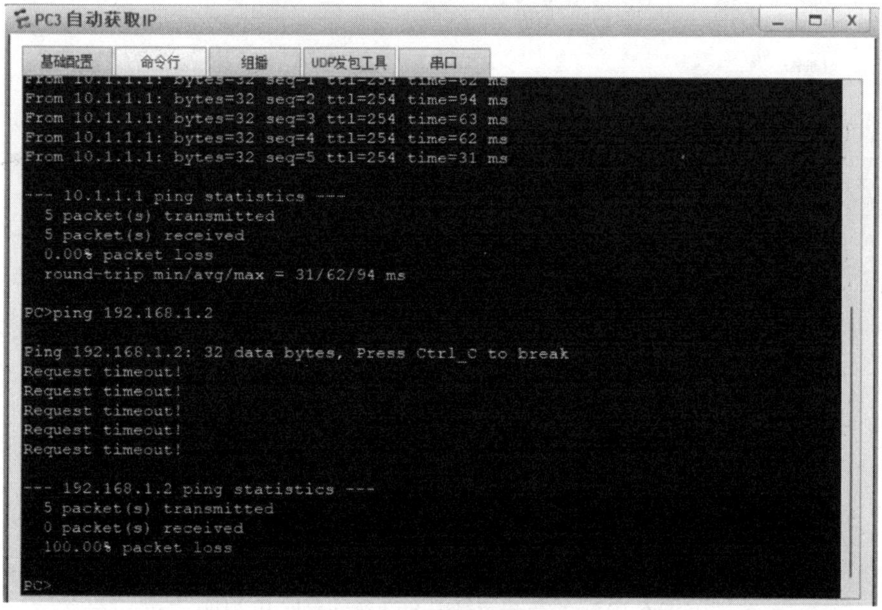

PC3自动获取IP

基础配置 | 命令行 | 组播 | UDP发包工具 | 串口

```
From 10.1.1.1: bytes=32 seq=1 ttl=254 time=62 ms
From 10.1.1.1: bytes=32 seq=2 ttl=254 time=94 ms
From 10.1.1.1: bytes=32 seq=3 ttl=254 time=63 ms
From 10.1.1.1: bytes=32 seq=4 ttl=254 time=62 ms
From 10.1.1.1: bytes=32 seq=5 ttl=254 time=31 ms

--- 10.1.1.1 ping statistics ---
  5 packet(s) transmitted
  5 packet(s) received
  0.00% packet loss
  round-trip min/avg/max = 31/62/94 ms

PC>ping 192.168.1.2

Ping 192.168.1.2: 32 data bytes, Press Ctrl_C to break
Request timeout!
Request timeout!
Request timeout!
Request timeout!
Request timeout!

--- 192.168.1.2 ping statistics ---
  5 packet(s) transmitted
  0 packet(s) received
  100.00% packet loss

PC>
```

图 6-109　执行 ping 命令

配置路由的操作请读者参照前面动态路由的例子自行完成。

步骤 8：在 R2 与用户终端之间添加一台交换机，并增加一台用户终端，如图 6-110 所示。不添加任何配置。

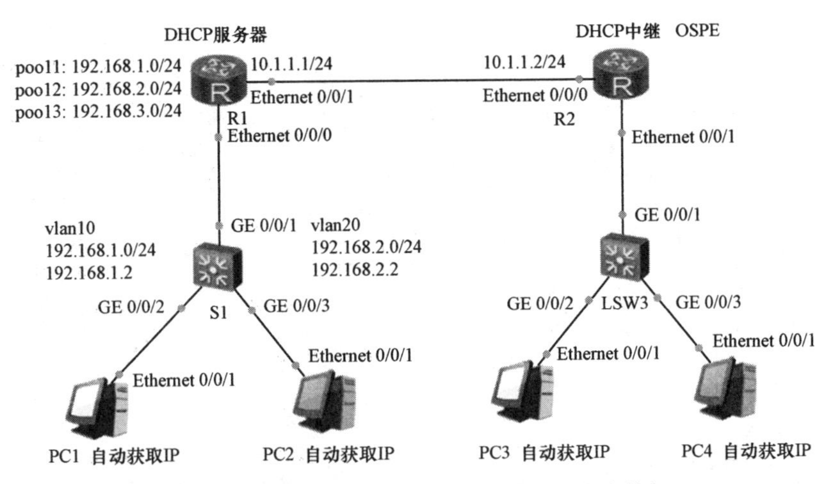

图 6-110 在 R2 与用户终端之间添加一台交换机

步骤 9:用户终端 PC4 能够自动获得地址池 pool3 的 IP 地址,如图 6-111 所示。

PC4自动获取IP

基础配置 命令行 组播 UDP发包工具 串口

```
Link local IPv6 address...........: fe80::5689:98ff:fefd:32e1
IPv6 address......................: :: / 128
IPv6 gateway......................: ::
IPv4 address......................: 192.168.3.252
Subnet mask.......................: 255.255.255.0
Gateway...........................: 192.168.3.2
Physical address..................: 54-89-98-FD-32-E1
DNS server........................: 1.1.1.1


PC>ipconfig /renew

IP Configuration


Link local IPv6 address...........: fe80::5689:98ff:fefd:32e1
IPv6 address......................: :: / 128
IPv6 gateway......................: ::
IPv4 address......................: 192.168.3.252
Subnet mask.......................: 255.255.255.0
Gateway...........................: 192.168.3.2
Physical address..................: 54-89-98-FD-32-E1
DNS server........................: 1.1.1.1


PC>
```

图 6-111 PC4 自动获得地址池 pool3 的 IP 地址

步骤 10:用户终端 PC4 与 PC3 之间能够通信,如图 6-112 所示。

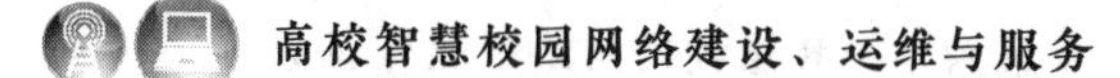

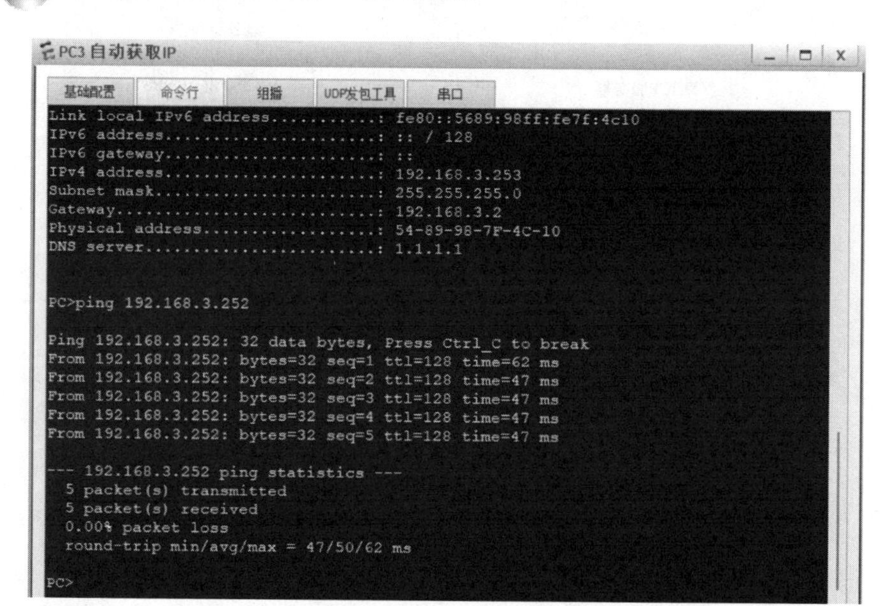

图 6-112　执行 ping 命令

步骤 11：为了进一步验证用户终端在获取到 IP 地址之后，每次通信不必须经过 DHCP 服务器。这里把本例的网络拓扑进行修改，如图 6-113 所示。在前面网络拓扑的最右边添加一个三层网络，通过动态路由实现跨网络通信。

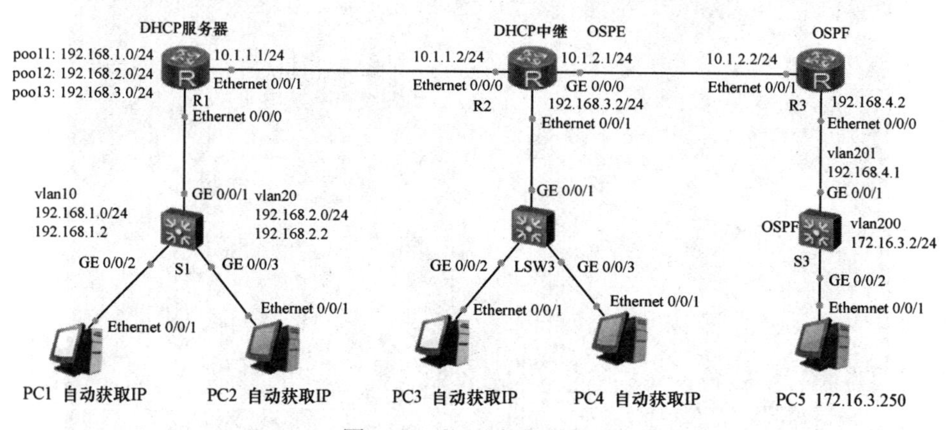

图 6-113　网络拓扑结构

步骤 12：用户终端 PC3 通过 DHCP 中继获取到 pool3 的 IP 地址 192.168.3.253，从 PC3 对网络拓扑最右侧部分的用户终端 PC5（172.16.3.250）做 tracert，如图 6-114 所示。发现网络路径没有经过 DHCP

服务器。这个结果验证了 DHCP 中继能够实现终端 PC 数据通信不必经过 DHCP 服务器，同时，实现了 IP 地址在 DHCP 集中管理和分配。

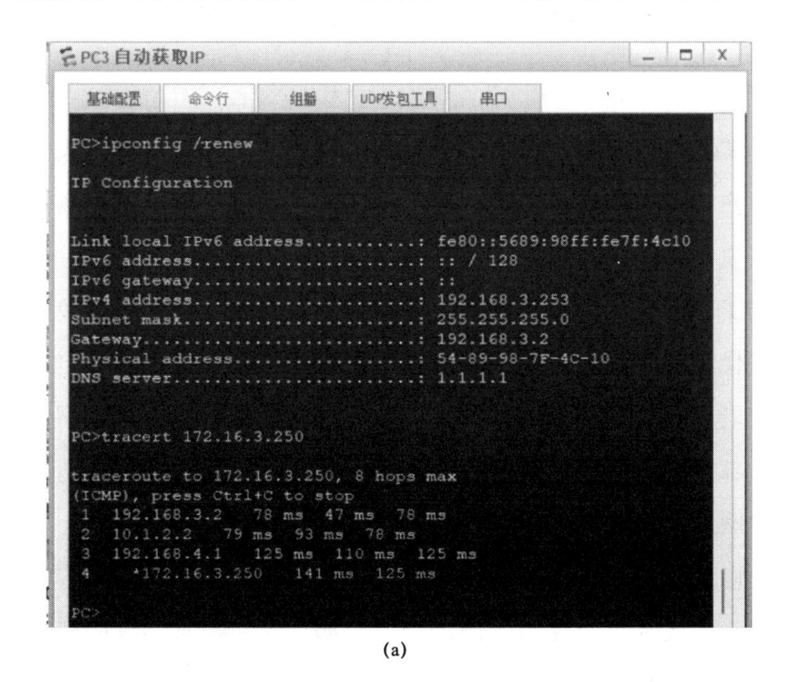

(a)

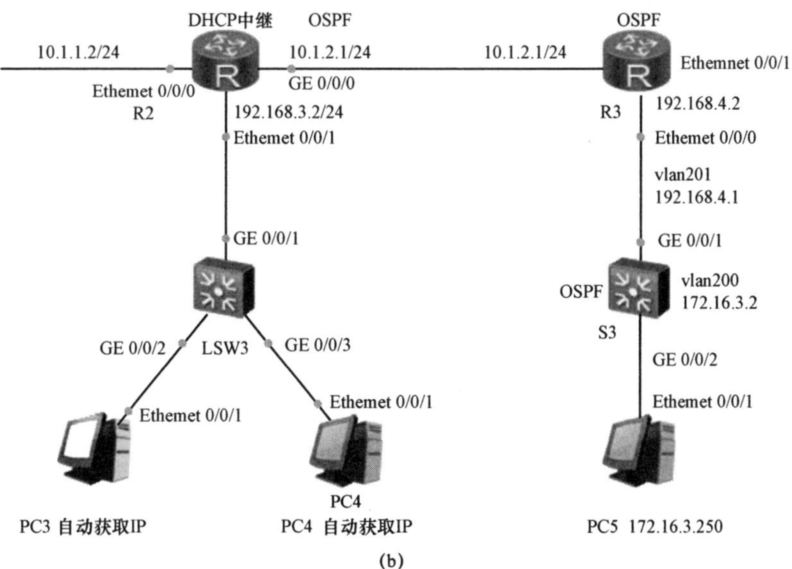

(b)

图 6-114 （a）在 PC3 执行 tracert 命令；（b）网络拓扑结构

第四节　网络改造案例

在日常运维校园网过程中，会遇到这种让网络管理员特别头疼的网络问题：用户说偶尔网速慢，有时候上不去网，网络管理员到现场以后校园网络又恢复正常了。对于这种没有规律的网络问题，不容易排除解决。根据笔者的工作经验，用户反映的很多所谓的“网络问题”不是校园网本身的问题，比如互联网上对端资源问题、用户电脑中病毒、用户自购网线质量、电脑老旧及软硬件兼容性等都可能造成网速慢甚至上不去网的情况，但是，大部分校园网用户都不是网络专业人士，无法向其解释清楚，往往认为只要网速慢就是网络问题。

网速慢连不上网问题在有一定使用年限的网络应用场景更容易出现，下面以笔者的实际工作经历为例，来介绍如何解决。某高校的多媒体教学中心有十几间多媒体录播教室和智慧剪辑室，经过 10 多年的发展建设，硬件设备和软件系统经过多轮次更新，设备间线缆众多，网络布线较为混乱，不同型号的网络接入设备混用，大小交换机串接，教室装修完成后网线被封闭在墙体中，因此，不容易辨析网络结构。多媒体教学中心工作人员告诉网管中心偶尔会出现电脑反应慢、画面卡顿的情况。网络管理员通过网管软件没有发现该区域网络性能异常，到现场检查校园网工作情况，包括检查交换机运行参数，检查光缆质量和双绞网线质量，测试网速，无异常。

网络管理员协助多媒体教学中心工作人员排除了电脑病毒和系统兼容性引起的使用问题，协助智慧教室多个设备厂商先后排除了视频剪辑服务器、存储服务器性能瓶颈引起的使用问题。一段时间，网速慢卡顿的问题没再出现。没过一个学期，多媒体教学中心工作人员反映又出现了访问校内资源电脑反应慢、卡顿的情况，但是，能够正常访问互联网资源。

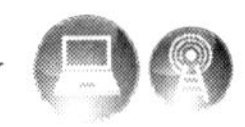

多媒体教学中心网络拓扑结构大致情况如图 6-115 所示，多种型号小交换机混接，可能存在局部网络环路。

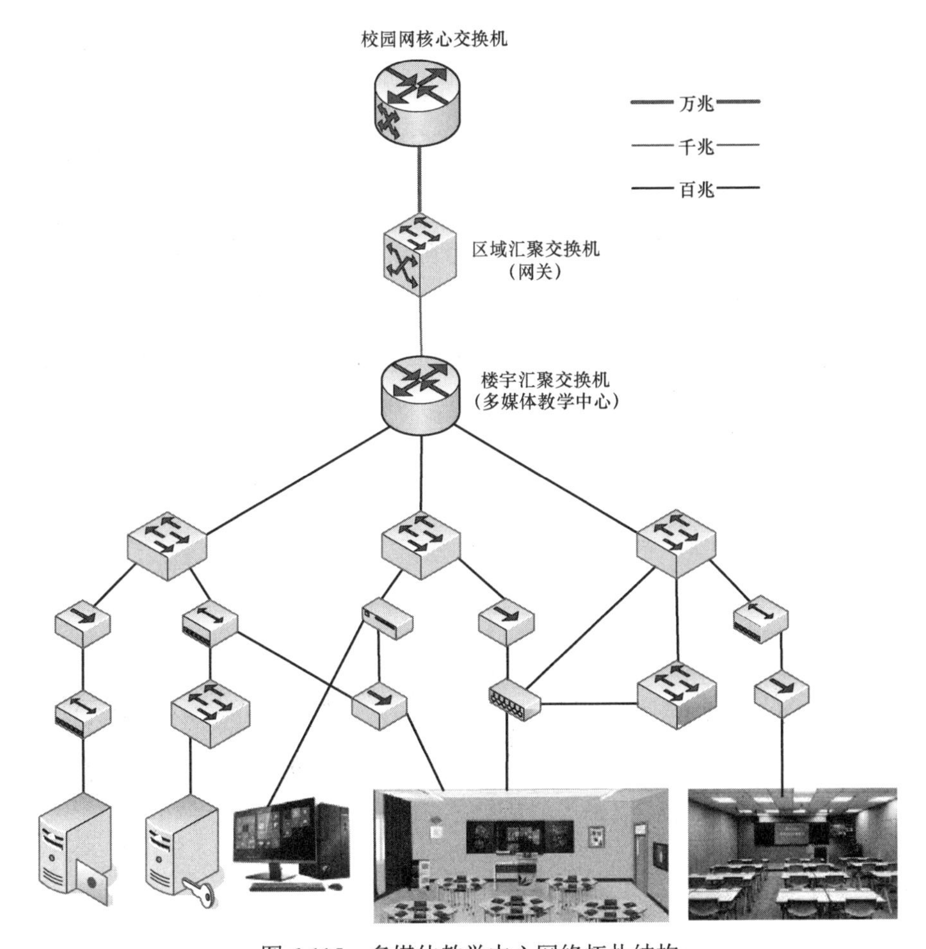

图 6-115　多媒体教学中心网络拓扑结构

经过分析研判，初步判定原因是多媒体教学中心内部可能存在网络环路，而存在环路的这部分网络设备不经常启动。

第一个解决思路是更换网络设备并重新布线。把原来的小 8 口或者 5 口交换机替换成全千兆 24 口交换机，网络设备集中到网络弱电间或者就近的设备间，确保网络结构清晰。然后，把需要联网的设备通过网线直连到 24 口千兆交换机上，保证网络性能。这种解决方案有几个弊端：① 网络切换的时候多媒体教学中心的业务需要中断。不过，如果利用夜间或者周末施工能够克服。② 多媒体教学中心内部有多个有关联的业务系统，网络管理员和多媒体教学中心的工作人员对于业务系统之间的网络配置不清楚，而系统厂商人员几经更换，厂家当前工作人员分辨不清系统之间的网络关系，更不清楚其他厂商设备的网络配置。强行切换担心业务短时间无法恢复。如果网络改造引起这种情况是大家不能接受的。③ 重新布线难度较大，多媒体教学中心的智慧教室装修精致且完好，不适宜重新布线。

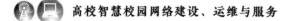

经过与多媒体教学中心工作人员充分沟通，决定采用第二种解决方案，如图 6-116 所示。第一，提升网络性能，为了适应多媒体大视频流传输，

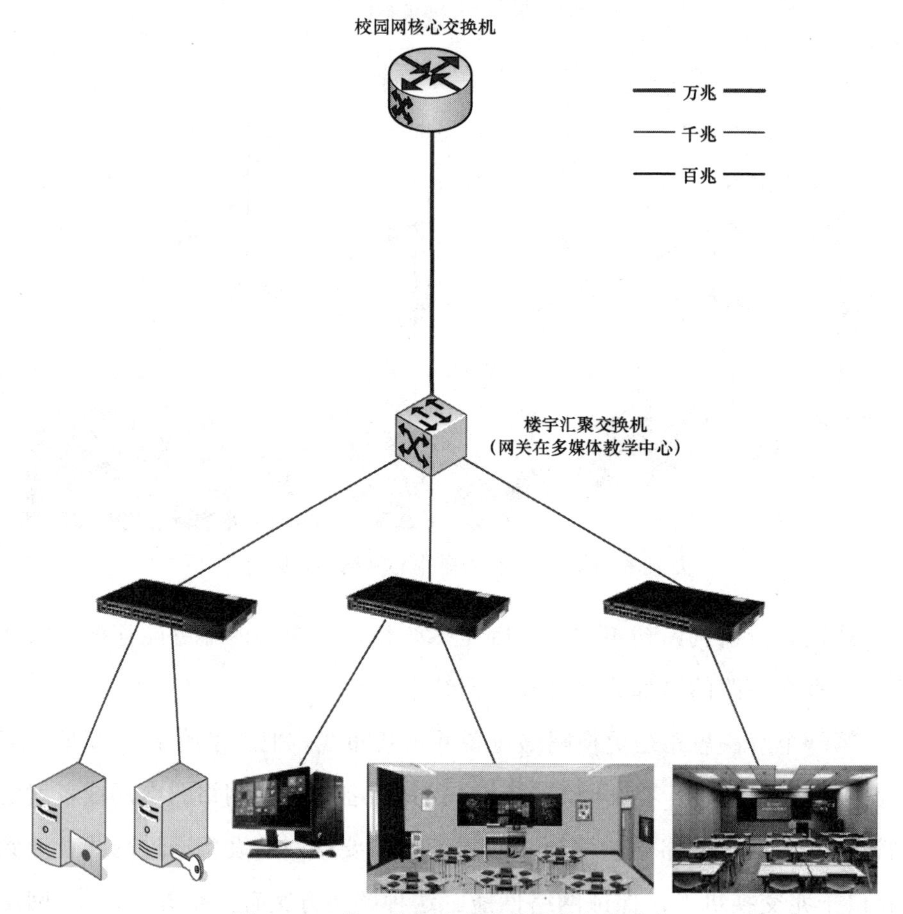

图 6-116　第二种解决方案的网络拓扑结构

新增一台高性能万兆网络交换机；第二，简化网络结构，把多媒体教学中心网络的网关从区域汇聚交换机移至新增的万兆网络交换机上，新增的交换机通过万兆光纤直连校园网核心交换机；第三，增加防止网络环路功能。保持多媒体教学中心现有网络不变，增加具有防环路功能的24口全千兆接入交换机；第四，协调设备厂商，把多媒体教学中心的业务系统逐个切换到新网络设备上；第五，全部业务切换完成后，拆除原网络设备。

该方案的优点是网络结构清晰，万兆光口直连校园网核心交换机，减少了网络跳数，内部千兆互联，网络性能得到提升，防环路功能能够自动阻断环路的部分，不影响其他网络业务。同时，该方案还实现了多媒体教学中心业务的平稳过渡，由于，该区域网络的网关没有改变，内部业务的上联网络关系没有改变，某个业务切换到新网络上以后，与其他业务系统之间的逻辑关系没有改变，业务能够正常开展。

前文说到《河南省加快教育新型基础设施建设专项行动方案（2023—2025年）》（豫教科技〔2023〕237号）要求2025年全部学校完成校园网全光网改造。结合文件要求，网络管理部门对方案二做了微调，设计了以太全网改造方案。以太全光方案将原计划放置在弱电间或者设备间的千兆接入交换机进一步下沉至教室，采用光纤入室方式，多媒体教室放置16口光交换机、录播教室放置24口光交换机。教室内部的设备通过超五类或者六类双绞线连接到千兆交换机。以太全光方案具有第二种方案的优点，此外，还实现了全光入室，网络扩展性更好，不足之处是资金投入大，施工周期长。

第五节　党建引领服务品牌创建

本节介绍笔者所在单位通过党建引领服务品牌创建的情况。河南科技大学网络与信息化办公室始终注重党建引领作用，将党的建设与业务发展深度融合。中心支委会把握党建工作与业务工作的内在联系，结合中心业务情况，把党支部划分为三个党小组，并制定了中心领导和支委委员工作结合制度，把学习贯彻习近平新时代中国特色社会主义思想主题教育与推动实现“个性化教学、精细化管理、协同化支撑、精准化决策、一体化服务”的信息化建设目标结合起来，紧扣党建工作、业务工作重点内容，将党建工作和中心业务工作一起谋划、一起安排、一起考核，推动党建和业务工作互融互促、同心同向、见人见事、虚实联结、提质增效。比如，为了增强党建和业务工作的结合度，中心主任、副主任、支委委员每周至少参加一次所联系党小组的党建工作例会，指导解决工作中的重点难点问题。各党小组组长通过党建工作例会、党支部书记约谈等方式及时向支部汇报党建工作开展情况，凝心聚力完成党建工作年度目标任务。业务工作多次获得学校和上级部门考核优秀。党的建设与业务融合推进中培育了网络与信息化办公室的服务品牌——网络信息服务周。

网络信息服务周每学期举行一次，截至今年，已经连续开展了 15 年。针对学校师生不同群体开展形式多样的“优质服务周”系列活动，每次活动都有明确的主题，以确保服务的质量。服务方式有集中培训、有精准服务、有一对一、手把手地专业指导、有进家属区业务宣传推广，为用户答疑解惑等。满意无终点，服务无止境，“优质服务周”系列活动的开展，优化了工作流程，提升了服务质量，让学校师生体验到智慧校园环境下网络信息化人专业、高效、贴心的一流服务。服务周期间，网络与信息化办公室还举办业务技能大赛，部门员工通过比赛找差距，以赛促学，不断提高专业技能和服务能力。

第七章　校园弱电资源管理

校园弱电资源包括学校校区内移动通信设备（包括室外基站、室内分布系统）、通信网络（含固定电话、移动电话）、室外区域的地下管网、建筑物内部弱电设备间和通信桥架以及敷设于其中的光缆和同轴电缆等各类弱电类线缆等设施设备及场地（所）的总称。校园弱电资源是高校信息化建设的物理依托，本节从管理制度和管理技术两个方面介绍校园弱电资源的管理，确保校园弱电资源被合理利用。

第一节　管理制度

校园弱电资源的管理权限涉及到国资、网信、基建、后勤、保卫等部门，因此，需要从学校层面建立一套制度和运行机制，协调各部门的工作，避免因管理责任不清，造成管理混乱。下面介绍河南科技大学的管理经验。

河南科技大学成立了校党委领导下的中共河南科技大学委员会网络安全和信息化委员会（以下简称“校网信委”）负责校园通信业务与通信设施的建设和管理的统一领导和协调，校党委书记任校网信委主任。校网信委设办公室（以下简称“校网信办”），具体负责校园内通信业务的整体规划、共建共享、对外合作、资源分配和运维管理等，副校长任校网信办主任，学校宣传部部长任校网信办副主任，网络部门负责人任校网信办副主任。校园通信业务与通信设施的建设统一纳入学校信息化建设规划，实行统筹规划、统一建设和统一管理。

在校网信委的领导下，校网信办牵头制定了《河南科技大学通信业务与通信设施管理办法》，明确了校园通信业务与通信设施实行“统一领导、许可准入、规范管理、优质服务”的原则，学校各相关部门应在校网信委的统一指导下开展校园通信业务与通信设施的管理工作，任何部门和个人不允许擅自批准电信运营商（或第三方服务商）通信业务、通信设备或通信线路进入校园。明确了各职能部门的管理职责。校党政办以红头文件下发到学校各单位，共同遵守。同时，为了提高工作效率，校党政办还牵头制定了通信业务与通信设施管理办公 OA 流程。该机制从管理制度上保证了校园弱电资源的管理工作的规范化和制度化，避免了部门之间互相扯皮推诿的情况。

第二节　管理技术

一套科学的管理制度需要有配套的监督机制才能够确保被良好地执行。高校校区面积少则几百亩多则几千亩，靠人力难以及时有效地巡查和监督。校园弱电资源管理需要注重信息化技术的应用。通过引入先进的信息化技术，如物联网技术、智能传感技术、大数据处理技术等，可以实现弱电设备的智能化管理和运维，提高弱电资源管理的工作效率，同时，实现对弱电资源管理工作的监督。例如，通过智能传感技术可以实现弱电资源的实时探测，如门锁、视频、温湿度、供电、漏水等；通过物联网技术可以实现传感数据的远程采集和传输；通过大数据技术可以对弱电设备的运行数据进行分析和挖掘，为设备的维护和优化提供有力支持。基于物联网平台数据，可以分析和追溯相关单位是否正确履行管理职责。

下面介绍基于物联网技术的校园弱电智能管理。

物联网平台整体功能架构图如图 7-1 所示，本文介绍基于该平台实现智能弱电管理的方法。

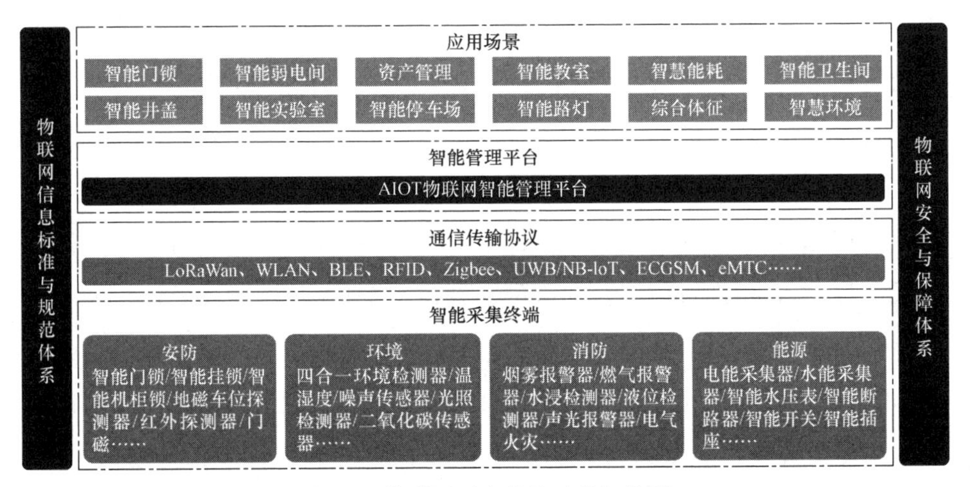

图 7-1　物联网平台整体功能架构图

一、建设目标

实现对学校弱电间的统一智能化管理，具体包括以下几方面：

① 学科统一的实验室环境安全智能管控系统；

② 多系统联动及智能识别的实验室出入管理；

③ 人员行为的视频实时查看、录像和危险提醒；

④ 弱电间防盗、防水、温湿度、烟火等环境因素的智能检测和自动报警；

⑤ 实验室供电状态的实时检测和远程开闭。

二、建设内容

基于物联网监控平台，从三个主要方面实现对弱电资源的实时监控和管理。首先是安全管控，改造出入管理，与教务、人事等校园信息系统对接，通过人脸等生物识别手段确保有权限的人员进入对应弱电间。管理员可统一管控弱电间出入情况，并及时预警非法入侵等情况；其次是能源管控，改造能源管控设备，监测弱电间线路问题，有效防止过载、短路等故障发生，从而保障电力系统的安全运行，特别是夏季电压不稳时，保证弱电间设备稳定性；最后是环境调控，建设环境监控设备，比如，监测到温湿度过高/低等情况，及时预警，并联动空调进行智能调节等。

具体建设内容包括：

① 基于物联网的环境安全综合智管系统，与教务系统和校园数据中心的人员信息对接，从出入安全、环境安全、能源安全等维度监控和分析，实现远程出入管控、断电检测、环境调控、视频监控、能耗分析、大屏展示、统计分析等功能。

② 智能联网单元：包括物联网网关和接入交换机，为物联网终端设备的联网通信提供中继服务，支持以太网、4G/5G、Wi-Fi、LoRa 等通信方式。

③ 智能出入管控单元：支持指纹、密码、卡片和钥匙等多种开锁方式，可通过 LoRa、Wi-Fi、有线等多种物联网协议远程控制开闭，支持临时密码、指纹下发、远程管理等功能，与实验教学和人员信息系统对接，实现精准管控。

④ 智能环境管控单元：包括温湿度环境监测、烟雾报警、水浸监测、红外感应等。支持温度、湿度、CO_2 浓度等维度的数据检测，实时获取弱电间的环境数据。当烟雾达到阈值时，自动发送报警信息至系统，可联动声光报警器、火焰摄像头进行本地报警，并对火灾情况进行智能化判断。若弱电间进水，第一时间上报系统报警数据，并支持通过智能断路器，智能 PDU 对重要设备进行联动控制，实现及时断电，防止设备损坏。红外探测器可联动声光报警器与物联管控系统，当检测到有非法入侵者，探测器发送报警信号，让管控人员获知有人非法入侵，及时作出处理，防止未经允许人员出入弱电间。

⑤ 智能视频监控单元：与智能出入管控单元和智能环境管控单元联动，全方位实时记录弱电间内人员活动情况，自动检测，自动录像。

⑥ 智能能源管控单元：包括供电监测和智能开闭闸。实时精确测量有功电能、电压、电流等有效值及当前频率，定时上报；支持远程开闸、合闸、掉电最后一刻报警等功能；监测到恶性违规使用的负载，自动断电，减少安全隐患和电能浪费。过载短路保护，过欠压自动跳闸，并具有自恢复功能；来电自动合闸，停电自动跳闸，保护线路负载，并支持远程断、合闸，从用电安全角度对弱电间的整体线路进行保护，减少用电安全导致的危险事故。

⑦ 智能弱电井探测：在校园网弱电线路关键部位的弱电井安装智能传感器，当井盖被打开的时候，自动记录现场视频，并截图传递到物联网平台。

参考文献

［1］杨九诠. 理解《中国教育现代化 2035》的基本框架［J］. 吉首大学学报（社会科学版），2020，41（3）：9-11.

［2］智慧校园总体框架［EB/OL］. https://std.samr.gov.cn/gb/search/gbDetailed?id=71F772D82EE8D3A7E05397BE0A0AB82A，2018-06-07.

［3］祝智庭，郑浩，谢丽君，等. 新基建赋能教育数字转型的需求分析与行动建议［J］. 开放教育研究，2022，28（2）：22-33.

［4］祝智庭，胡姣. 教育数字化转型的本质探析与研究展望［J］. 中国电化教育，2022（4）：1-8+25.

［5］黄荣怀，张进宝，胡永斌，等. 智慧校园：数字校园发展的必然趋势［J］. 开放教育研究，2012，18（4）：12-17.

［6］宗平，朱洪波，黄刚，等. 智慧校园设计方法的研究［J］. 南京邮电大学学报（自然科学版），2010，30（4）：15-19+51.

［7］王运武，庄榕霞，陈祎雯，等. 5G 时代的新一代智慧校园建设［J］. 中国医学教育技术，2021，35（2）：143-149.

［8］王运武，李炎鑫，李丹，等. “十四五”教育信息化战略规划态势分析与前瞻［J］. 现代教育技术，2021，31（6）：5-13.

［9］王玉龙，蒋家傅. 智慧教育：概念特征、理论研究与应用实践［J］. 中国教育信息化（高教职教），2014（1）：10-13.

［10］蒋家傅，钟勇，王玉龙，等. 基于教育云的智慧校园系统构建［J］. 现代教育技术，2013，23（2）：109-114.

［11］陈妍. 互联网+时代智慧校园系统构建研究［M］. 北京：北京工业大学出版社，2019.

［12］朱洪波，张登银，杨龙祥，等. 南京邮电大学基于物联技术的"智慧校园"建设与规划［J］. 中国教育网络，2011（11）：18-19.

［13］王燕. 智慧校园建设总体架构模型及典型应用分析［J］. 中国电化教育，2014（9）：88-92+99.

［14］智慧校园中三大基础网络平台建设初探［EB/OL］. https://max.book118.com/html/2023/0424/7134052055005100.shtm，2023-4-24.

［15］智慧校园评价［EB/OL］. https://max.book118.com/html/2019/0416/6112133054002023.shtm，2019-4-16.

［16］陈智伟. 浅谈多校区校园网络互连的实现［J］. 数字技术与应用，2022，40（2）：145-147.

［17］朱晓惠. 5G 背景下的智慧校园建设研究［D］. 哈尔滨：黑龙江大学，2021.

［18］曹彩凤. 智慧校园建设总体架构模型及典型应用分析［J］. 电脑知识与技术，2020，16（16）：216-217+228.

［19］邓嘉明，叶忠文，王荣华. 以数据聚合为核心的高校智慧校园体系建设［J］. 现代电子技术，2019，42（3）：134-138.

［20］胡恩泽，蔡萌萌，陈晓. 基于智慧校园的基础网络建设标准和规范的思考［J］. 数码世界，2019（10）：247.

［21］张顺利.《智慧校园总体框架》标准的网络安全防护［J］. 信息与电脑，2019，31（20）：204-205.

［22］茅晓红，吴志毅. 互联网+智慧校园信息标准研究与实现［J］. 江西师范大学学报（自然科学版），2018，42（5）：470-472.

［23］徐澍，白连红. 面向云服务的数字化校园基础平台解决方案［J］. 黑

龙江科学，2016，7（12）：152-153.
［24］王运武，于长虹. 智慧校园：实现智慧教育的必由之路［M］. 北京：电子工业出版社，2016.
［25］孙鹤. 高校校园计算机网络的整体规划概述[J]. 电子世界，2016(2)：25-28.
［26］刘宁，赵飞，刘晓星，等. 构建智慧校园：现代校园信息化发展的必然趋势［J］. 今日湖北（中旬刊），2015（2）：112.
［27］王晓明，黄荣怀. 智慧教育的三个境界：从环境、模式到体制［J］. 中国教育信息化（高教职教），2015（1）：38-39.
［28］朱洪波，杨龙祥."互联网+"时代的智慧城市发展与物联网产业创新［J］. 信息通信技术，2015（5）：4-5.
［29］王翠英. 高校数字化校园综合解决方案[J]. 信息系统工程，2012(9)：25-26+35.
［30］王运武. 我国数字校园建设研究综述［J］. 现代远程教育研究，2011（4）：39-50.
［31］连钦兴. 基于微信服务号的大学生校园网络自助服务系统的设计[J]. 现代计算机，2020（22）：104-108.
［32］张国力，范广斌，滕翠云. 基于 Web 的高校设备故障报修系统的设计与实现：以大连交通大学网络信息中心设备故障报修系统为例［J］. 现代信息科技，2018，2（7）：17-19.
［33］周岩，杜健持. 校园网计算机网络性能检测与优化［J］. 办公自动化，2021，26（11）：25-26.
［34］黄河夫. 高校校园网网络优化设计与实现：以钦州学院为例［J］.钦州学院学报，2018，33（8）：31-35.
［35］沈劲桐. 校园 WLAN 网络优化研究与应用［J］. 中国新通信，2020，22（13）：109-110.
［36］马峥，张锐. 校园无线网络优化方法研究与实践［J］. 信息技术与信

息化，2021（3）：182-184.

［37］陈晔. 根据细分的用户需求优化校园网［J］. 电脑知识与技术，2018，14（8）：17-18+24.

［38］邱华. 高校校园网建设需求分析［J］. 无线互联科技，2022，19（15）：166-168.

［39］朱正国. 高职院校校园移动网络优化研究［J］. 计算机产品与流通，2021（1）：177-178.

［40］刘辉. 高校教学场景的无线校园网建设与优化方案［J］. 通信电源技术，2022，39（9）：90-92.

［41］郝建敏，沈群，韩路. 智慧校园信息化报修系统平台的设计与实现［J］. 软件，2022，43（12）：40-42.

［42］马永新. 一种基于 10G 以太网无源光网络技术的校园网络优化方案［J］. 天津科技，2022，49（2）：33-36.

［43］余民权，王桂武，王雅婷.高职院校全光校园网设计与需求初谈［J］. 电脑知识与技术，2020，16（29）：47-48.

［44］都业涛. 校园网信息安全优化方案［J］. 中国新通信，2023，25（2）：122-124.

［45］戚小俊. 高校校园网络安全优化应用探讨［J］. 中国新通信，2021，23（2）：127-128.

［46］王鹏. 大学校园网络安全的现状与优化路径［J］. 魅力中国，2020（52）：73-74.

［47］宋采燕. 移动物联网智能信息终端网络安全技术的应用分析［J］. 电子技术与软件工程，2022（10）：26-29.

［48］曹建国，薛荔娉，黄亚涛. 互联网推动教与学方式变革的实践诉求与实践路径［J］. 开放学习研究，2023，28（1）：1-9.

［49］邱宜干. P2P 网络的特点及运行环境分析［J］. 中国管理信息化，2018，21（9）：153-154.

[50] 张瑞英，刘永铎，武永娇. 高校信息化建设及网络安全研究 [J]. 无线互联科技，2023，20（4）：149-152. 王洋. 异构异质环境中校园无线网络布设方案研究 [D]. 咸阳：西北农林科技大学，2019.

[51] 吴天宇. WLAN 组网架构优化模式研究及应用 [D]. 南京：南京邮电大学，2022.

[52] 李燕，安洋，张晋，等. 从数字化校园到智慧校园建设的思考分析 [J]. 价值工程，2020，39（5）：284-285.

[53] 吴佩琳. 校园网运维可视化管理研究与实现 [D]. 西安：西北大学，2020.